卡耐基教给我们的7大积极心态

美国《时尚》杂志曾给予卡耐基高度评价：“或许，除了自由女神，他就是美国的象征。”

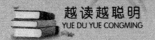

越读越聪明
YUE DU YUE CONGMING

卡耐基教给我们的7大积极心态

孙晓韫　编著

研究出版社

图书在版编目（CIP）数据

卡耐基教给我们的7大积极心态 / 孙晓韫编著.
—北京：研究出版社，2013.4（2021.8重印）
（越读越聪明）
ISBN 978-7-80168-802-6
Ⅰ. ①卡…
Ⅱ. ①孙…
Ⅲ. ①成功心理–青年读物 ②成功心理–少年读物
Ⅳ. ①B848.4-49
中国版本图书馆CIP数据核字（2013）第083354号

责任编辑：曾　立　　责任校对：张　璐

出版发行： 研究出版社
地 址：北京1723信箱（100017）
电 话：010-63097512（总编室）010-64042001（发行部）
网址：www.yjcbs.com　E-mail: yjcbsfxb@126.com
经　　销： 新华书店
印　　刷： 北京一鑫印务有限公司
版　　次： 2013年6月第1版　2021年8月第2次印刷
规　　格： 710毫米×990毫米　1/16
印　　张： 14
字　　数： 180千字
书　　号： ISBN 978-7-80168-802-6
定　　价： 38.00 元

前　言

戴尔·卡耐基（1888—1955），美国现代成人教育之父，美国著名的人际关系学大师，西方现代人际关系教育的奠基人，被誉为20世纪伟大的心灵导师和成功学大师。他一生致力于人性问题的研究，坚持不懈地研究和借鉴他人的经验教训，悉心观察每个人身上的可贵之处，通过对人类心理的探索和分析，开创了一套集演讲、管理、处世、人际交往于一体的独特的教育方式，具有很强的实用性以及对社会各类人群和各个时代的适用性。他的著作有《语言的突破》《人性的光辉》《人性的弱点》《人性的优点》《美好的人生》等，这些书将他的人生智慧传播到世界各地，影响了千千万万人的思想和心态。

美国《时尚》杂志曾给予卡耐基高度评价："或许，除了自由女神，他就是美国的象征。"无数读者通过阅读和实践书中介绍的各种方法，不仅走出困境，有的还成为世人仰慕的杰出人士。相对论鼻祖爱因斯坦、印度圣雄甘地、《米老鼠》之父华特·迪士尼、建筑业奇迹的创造者里维父子、旅馆业巨子希尔顿、白手起家的塑胶大王王永庆、麦当劳的创始人雷·克洛克等等，都深受卡耐基思想和观点的激励和影响。

为了让青少年更方便快捷地汲取卡耐基的智慧营养，我们编纂了这本《卡耐基教给我们的7大积极心态》。

我们通览卡耐基《人性的优点》《人性的弱点》等励志经典，从中撷取卡耐基的思想精华和最激励人心的内容，并精心提炼出7大积极心态："接纳不完美的自己，活出最真实的自我""保持充沛活力，绽放生命精彩""扫除坏情绪，收获好心情""沟通有道，处处受欢迎""遇事转换思维，别让烦恼羁绊”“看开些，没有过不去的坎”“心中充满爱，世界便美好”。在具体内容上，先摘录卡耐基著作原书中富含启发性、哲理性的语句，然后通过短小、有趣的小故事，对其进行阐述和说明，告诉小读者要接纳自己，树立自信，发掘出自身无穷的潜力，活出幸福、有活力、有激情、有意义的人生，掌握成才主动权。

我们每个人都要勇敢地做自己的主人，绝不能让自己的内心充斥自卑与挫折感。学习拥有“乐观、易于与人交往的观念”，以积极阳光的心态前进，享受快乐的人生。走近卡耐基，走进本书，迈向快乐生活的第一步。

目录
CONTENTS

第❶种积极心态：
接纳不完美的自己，活出最真实的自我

第❷种积极心态：
保持充沛活力，绽放生命精彩

第❸种积极心态：扫除坏情绪，收获好心情

第❹种积极心态：沟通有道，处处受欢迎

第❺种积极心态：遇事转换思维，别让烦恼羁绊

第❻种积极心态：看开些，没有过不去的坎

第❼种积极心态：心中充满爱，世界便美好

第1种积极心态：

接纳不完美的自己，
活出最真实的自我

每个人都是自己的主人

传说，上帝赐予人类统治大地的权利，这是一份伟大的赠予，可我却对这种伟大的权利没有什么兴趣。我只希望能有自由支配我自己的能力：控制我自己的思想，消除心中的恐惧，控制我的心智和精神。

——摘自卡耐基《人性的优点·在心中憧憬美好的生活》

卡耐基说，他最希望拥有的是自由支配自己的能力。其实，自由支配自己的能力是我们每个人都非常需要的，不是吗？我们大多数人都是容易受外界影响的，遇到开心的事情，可以快乐到忘我的程度，但遇到恶劣的情况，又会消沉到无以名状。

我们也常常受欲望的驱使，为了看一个喜欢的电视节目而不顾还有许多作业没有写。我们还常常在困难面前屈服，对难懂的习题放弃努力，等待别人的答案。像这样，在情绪、欲望和困难面前，我们放弃对自己的支配，放弃做自己的主人，就会成为它们的奴隶，被它们支使着成为一个越来越没有快乐追求和积极进取精神的人。

寻找快乐，追求幸福，这本是我们生活的一个重要目标。实现这一目标有一个重要前提，那就是拥有自由支配自己的能力，做自己的主人。能够做自己的主人，不管外界的条件是优渥的还是简陋的，环境是优美的还是糟糕的，我们都会有能力让自己的心态变得积极，让自己尽量往好处想，让自己有决心做出最大的努力。

一个落魄的印度人流浪到了英国，他想在这里谋取一份工作，但每次应征都因为其貌不扬、没有文凭而被拒之门外。就这样，三个月过去了，他依然奔波在求职的路上。

有一天，他来到一家饭店，恳求经理收留他。但是饭店由于经营惨淡，正面临裁员的问题。这个时候，怎么可能留下他呢?

印度人并不气馁，他苦苦地哀求经理，并承诺任何工作都可以做。经理见他很真诚，于是收留了他，派给他一份别人都不情愿干的活——负责二楼洗手间的卫生。

能够接到这份特别的工作，印度人感到很开心。他并不觉得这份工作有多么卑微，相反，他还对这份工作产生了一种特别的爱。

工作第一天，印度人发现洗手间由于长时间没人打理，灯已经坏掉了，里面黑乎乎的，而且气味很难闻。他马上从仓库找来新的灯泡换上，洗手间亮了起来。印度人的心一下子明亮起来，他对自己说："伙计，开始你的新生活吧，这份工作是多么惬意啊！"

然后，他开始跪在地面上用抹布一遍一遍地去擦拭地板；用刷子去刷马桶，墙壁也被他擦拭得干干净净，连细小的缝隙也不放过。接着，他找来了镜子安装在洗手间的墙壁上，又搬来了一盆夜来香，点燃了熏香，他甚至还搬来了破旧的音响安装在洗手间的角落里。洗手间在这个印度人的美化下，完全变了样。

有一天，饭店来了几位客人，其中一个在中途去洗手间，当他推开洗手间的门时简直不敢相信自己的眼睛。原来，他看到的是朦朦胧胧的灯光，闻到的是沁人心脾的花香，听到的是浪漫悠扬的萨克斯乐曲，由于中午多喝了点酒，不知不觉中他竟然坐在马桶上睡着了。

后来，这位客人迫不及待地把他的奇遇告诉了他最要好的朋友，让他也来享受一下这个特别的洗手间。就这样，一传十，十传百，渐渐地，在这个小镇上，人们都知道这条街上有一家饭店，那里的洗手间最值得一去。于是这家饭店的人气也越来越旺，生意越来越好。

过了几个月后，饭店董事长来视察，当他了解到这种情况后，马上把这个印度人叫到办公室。

董事长百感交集地对他说："你对工作如此地付出和用心，你是我公司最优秀的员工。"

虽然被分配的工作很卑微，工作的环境也很糟糕，但是这个印度人并没有让这一切阻碍他对自己的思想和行动的支配。他按照自己的意愿，成功地改造了卫生间，进而改造了一家饭店的命运。

生活常常就是这样，可能安排给我们的是非常不如意的环境。在这样的环境下，是沉沦还是有所作为，这完全取决于我们如何支配自己——如果我们让我们的心态保持积极，那么毫无疑问，我们一定可以收获成功；而如果我们消极应对，那么最终只能是碌碌无为，甚或沉沦。

做回你自己

我放弃综合别人观点的念头，卷起袖子，做了我最初就该做的那件事：以自身的经验、观察为基础，从一个演说家和演说教师的角度，写成了一本公众演说的教科书。我希望这一次我真正学到了华特·雷利爵士（我说的华特·雷利爵士是1904年在牛津大学任文学教授的那位）所说的："我写不出一本莎士比亚风格的书，但是我可以写一本我自己的书。"

——摘自卡耐基《人性的优点·做回你自己》

清代诗人龚自珍写过一篇散文，叫《病梅馆记》。在文章中，作者描述了这样一个现象：因为文人学士认为，梅花以枝干弯曲为美，以枝干倾斜为美，以枝叶稀疏为美，于是卖梅的人就纷纷根据这个标准，对梅花"斫直、删密、锄正"，来进行培育。虽然这样培育的梅花可以卖得好价钱，但作者是强烈反对这种做法的，因为这样培育的梅花不但饱受摧残，而且最终失去了自己的风格和天性，成了大同小异的复制品，失去了自身的价值。

在《病梅馆记》里，龚自珍是想通过谴责人们对梅花的摧残，来揭露和抨击清王朝统治阶级对人民思想的束缚和禁锢。不过我们今天阅读这篇散文，却可以得到另外一个警示，那就是我们有没有成为那些"卖梅的人"，对自己进行"斫直、删密、锄正"的摧残呢？

也许我们平时不在意，觉得向榜样学习，模仿同学中最优秀的那个人，是再正常不过的事情。可是就像梅花被迫按照一个标准生长是一种摧残，我们强迫自己按照别人的模式去成长，不也是对自己的折磨吗？正确的做法，应该是挖掘自己的潜能，发挥自己的优势，让自己的风格成为一道独特的风景线，而不是刻意地去压抑或模仿。压抑自己，模仿别人，或许可以让自己的心理得到一时的满足，但那终究不是长久之计，时间长了，可能就会因失去自我而陷入痛苦的境地，就像下面这个名叫婷婷的小女孩。

小时候，伙伴们笑话婷婷的脚大，婷婷就让妈妈买号码小一点的鞋穿，然后拼命往里挤，结果长大后，脚已经变形了。再大一些时，可能因婷婷发育比较早的缘故，刚上初中个头就蹿到1.66米，体重也比同龄人超出很多，在女生当中很显眼。于是，夏天婷婷忍受着酷暑，穿着长裤，怕别人笑话她腿粗；从不敢穿很鲜艳的衣服，担心会在人群中惹人注意；很在意别人的眼神和话语，生怕对方用异样的眼光看她……

总之，有一阵子，婷婷活在战战兢兢和极不自然当中。直到有一天早上，和姐姐一起洗漱时，姐姐摸着婷婷的脸笑着夸她说："你的脸像凝脂似的，多美啊！根本不用擦什么护肤品。"然后拉着她的胳膊转了一圈说："你的身材长得多匀称啊！"望着姐姐羡慕的眼神，婷婷惊诧地问："你没说反话吧？"姐姐说："怎么会呢，这是事实呀！"当时婷婷好激动，再重新站到镜子前打量自己时，看到了一个完全不同的自己！这时婷婷才知道原来自己也可以变得美丽，而这种变化并不是外表有什么翻天覆地的变化，只是人的心情变化了而已。婷婷穿上漂亮的裙子，发现并不是想象的那样臃肿不堪，看来那么多年只是自卑的心理在作祟、捣鬼，是因为自己缺少自信心，没有正视自己。

让婷婷彻底改变看法的是一次偶遇。那天走在街上，迎面走来一位微笑的红裙少女，当女孩走近时婷婷发现她的脸上有一大片烧伤的疤痕，很醒目，可是她的笑容那样灿烂坦然。她化着淡妆，头发梳得一丝不乱，浑身上下都透着一股活力。那一刻婷婷再也抑制不住，眼泪夺眶而出，为她的自信，更为自己的释然。婷婷把背负了十几年的思想包袱抛出好远、好远，从此不再为自己设置的心理障碍而迷茫困惑——世界上只有一个独特的自己，是快乐还是忧愁全在自己的选择，美丽的内心和美丽的外表同样重要，发自内心的自信才是快乐的源泉。

想到这，婷婷突然又想起了她曾经看过的一个电视报道：一个记者采访一个腿有残疾的农家女高健芳，摇着轮椅走在街上的她总是自信地微笑着和过路的人打招呼，她勤奋写作，为了补贴家用也为了证实自己的价值。记者曾问过她："在轮椅上生活那么不方便，为什么把自己和家里收拾得那样干干净净、利利索索？"她说："这样让别人看着舒服，自己也高兴和自信啊！"

是啊，不管我们自身有什么不足，都要明白一点：这个世界没有绝对完美的人。如果连我们都对自己没有足够的信心，又怎么可能取得别人的信任呢？只有相信自己的人，才能让别人信服。

正如卡耐基所说，我们不应该痛苦地想要写一本莎士比亚风格的书，而应该快乐地写一本自己的书。我们不应该因为别人的嘲笑就勉强自己的大脚穿上一双小号的鞋，也不应该因为世俗的眼光就放弃微笑与自信的权利。我们应该积极地发展自己的特长、展示自己的优势，让人们看到，即使再普通的人也能够收获成就，只要他自信，只要他能够正确地对待自己的优点和缺点。

“你只能唱你自己的歌”

归根结底，所有的艺术都带有一点自传性质，你只能唱你自己的歌、画你自己的画。

——摘自卡耐基《人性的优点·做回你自己》

生活中，常常听到有些人感叹活得好累，因为他们想做父母眼中的好孩子，想做老师眼中的好学生，想做同学眼中的好伙伴，所以总是勉强自己去模仿那些榜样的表现。也许他们的模仿真的很成功，赢得了父母、老师、同学的一致赞扬，可是由于所作所为已经不是他们的真实意愿，所以过程不会带给他们真正的快乐，结果也不能激发他们更多的热情。

其实，每个人都希望真正的自己能够被别人接受与喜欢。模仿别人越像，失去的自我就越多，不管换来多少掌声与表扬，可能都弥补不了内心因失去自我而失落的缺口。所以，活出自我价值的方法不应该是模仿，而应该是追求内心真实的自我，这样才能活得潇洒自在而有意义。

美国加利福尼亚州的伊丝·欧蕾从小就非常害羞。她的体重过重，加上一张圆圆的脸，使她看起来更显肥胖。她的妈妈十分守旧，认为伊丝·欧蕾无须穿得那么体面漂亮，只要宽松舒适就行了。所以，伊丝·欧蕾一直穿着那些朴素宽松的衣服，从没参加过什么聚会，也从没参与过什么娱乐活动，即使入学以后，也不与其他小孩一起到户外去活动。因为她怕羞，而且已经到了无可救药的程度，所以她常常觉得自己与众不同，不受人的欢迎。

长大以后，伊丝·欧蕾结婚了，嫁给了一个比她大好几岁的男人，但她害羞的性格依然如故。婆家是个平稳、自信的家庭，他们的一切优点似乎在她身上都无法找到。生活在这样的家庭之中，她总想尽力做得像他们一样，但就是做不到。家里人也想帮她从封闭中解脱开来，但他们善意的行为反而使她更加封闭。她变得紧张易怒，躲开所有的朋友，甚至连听到门铃声都感到害怕。她知道自己是个失败者，但她不想让丈夫发现。于是，在公众场合她总是试图表现得十分快活，有时甚至表现得太过头了，于是事后她又十分沮丧。因此她的生活中失去了快乐，她看不到生命的意义，于是想到自杀……

后来，伊丝·欧蕾并没有自杀。那么是什么改变了这位不幸女子的命运呢？竟然是一段偶然的谈话！

一天，婆婆和伊丝·欧蕾谈起自己是如何把几个孩子带大的。她说："无论发生什么事，我都坚持让他们秉持本色。""秉持本色"这句话像黑暗中的一道闪光照亮了伊丝·欧蕾。伊丝·欧蕾终于从困境中明白过来——原来她一直在勉强自己去充当一个不太适应的角色。一夜之间，她整个人发生了改变，她开始让自己学会秉持本色，并努力寻找自己的个性，尽力发现自己究竟是一个什么样的人。她开始观察自己的特征，注意自己的外表、风度，挑选适合自己的服饰。她开始结交朋友，加入一些小组的活动，第一次他们安排她表演节目的时候，她简直吓坏了。但是，她每开一次口，就增加了一点勇气。过了一段时间，伊丝·欧蕾的身上终于发生了变化，现在，伊丝·欧蕾感到快乐多了，这是她以前做梦也想不到的。此后，她把这个经验告诉孩子们，这是她经历了多少痛苦才学习到的——无论发生什么事，都要秉持自己的本色！

一个人的价值，体现在真实的自我之中。我们无须总是效仿他人，因为那样只会让我们迷失自己。我们每个人都是世上独一无二的，我们的生活就是为自己的人生写自传，因此，清楚地认识自己，认识自己的真实高度，而不是按照他人的眼光和标准来加减规划，这才是我们对自己的人生负责应该有的态度。

秉持自己的本色，活出真实的自我，这样的生活永远不会使我们感到厌倦，这样的人生才会让我们永远充满热情。

我们远比想象的更为坚强

生活中，我们中的大多数人远比我们想象得更为坚强。其实，我们内心都有许多未挖掘的潜能，正如梭罗在他的不朽名著《瓦尔登湖》中描述的那样："我不知道有什么会比一个人能通过坚强的意志力去改善生存处境，更令人振奋的了。如果一个人，能充满信心地朝着他的理想努力，努力追求他所期望的生活，他就一定会得到意想不到的成功。"

——摘自卡耐基《人性的优点·忧虑能危及生命》

不知道你注意到没有，生活中很多人都喜欢给自己设限，他们常常对自己说："这件事情太难了，我办不到。"可事实是，当他不得不去做的时候，他竟然做到了，而且做得非常好。这正如卡耐基所说的，"我们中的大多数人远比我们想象得更为坚强"，"我们内心都有许多未挖掘的潜能"。

一位音乐系的学生走进练习室，在钢琴上，摆着一份全新的乐谱。"超高难度……"他翻着乐谱，喃喃自语，感觉自己对弹奏钢琴的信心似乎跌到谷底，消磨殆尽。已经3个月了！自从跟了这位新的指导教授之后，他的心情就从没有好过，他不知道为什么教授要以这种方式来整人。他勉强打起精神，开始用自己的十指奋战、奋战、奋战……琴音盖住了教室外面教授走来的脚步声。

指导教授是个非常有名的音乐大师。授课的第一天，他给自己的新学生一份乐谱。"试试看吧！"他说。乐谱的难度颇高，该学生弹得生涩僵滞、错误百出。"还不熟练，回去好好练习！"教授在下课时，如此叮嘱学生。

学生练习了一个星期，第二周上课时正准备让教授验收，没想到教授又给他一份难度更高的乐谱。“试试看吧！”上星期的课教授也没提。学生无奈接受了更高难度的技巧挑战。第三周，更难的乐谱又出现了。此后，同样的情形持续着，学生每次在课堂上都被一份新的乐谱所困扰，然后把它带回去练习，接着再回到课堂上，重新面临更高难度的乐谱。怎么样都追不上进度，一点也没有因为上周练习而有驾轻就熟的感觉，学生感到越来越不安，越来越沮丧和气馁。

这一天，教授走进练习室。学生再也忍不住了，他必须向钢琴教授问清楚这3个月来为什么不断折磨自己。教授没开口，他抽出最早的那份乐谱，交给了学生。“弹奏吧！”他以坚定的目光望着学生。不可思议的事情发生了，连学生自己都惊讶万分，他居然可以将这首曲子弹奏得如此美妙、如此精湛！教授又让学生试了第二堂课的乐谱，学生依然有了超高水准的表现……演奏结束后，学生怔怔地望着教授，说不出话来。

“如果，我任由你表现最擅长的部分，可能你还在练习最早的那份乐谱，就不会有现在这样的程度……”钢琴大师缓缓地说。

就像这个学生一样，我们身上都蕴藏着许多不为己知的能量，只是都被我们用平时认为自己熟悉的、擅长的能量给掩盖住了。就像这个学生一样，当教授给他施加“超高难度”的压力时，他体内的这股潜能被激发，从而让自己呈现出超高水准的表现。

在压力面前被迫激发潜能，只能说是我们的幸运。在生活中若想获得成功，我们更应该主动激发自己的潜能，这样我们就必须相信自己，学会“高估自己”，主动迎接挑战。

麦克卢尔是《麦克卢尔》杂志的创始人，他出身贫寒，没读过几天书，从童年开始，他就做过各种各样的工作。靠自学，他读完了中学的课程。又经历了很多困难，他才找到一份编辑的工作。他努力工作，得到了上司的赏识和提拔，一步步高升。他渐渐把眼光投向了杂志，希望自己能在这个行业有所作为。创建一份成功刊物的想法，占据了麦克卢尔的头脑。再一次经历了重重困难之后，他的想法终于有了实现的机会——他的上司德拉蒙德先生信任他，把这项工作完全交给了他。然而，当他满怀信心和力量，正要大干一番时，却遇到了意想不到的困难——1893年，美国经济大萧条使36岁的麦克卢尔陷入事业的最低谷。麦克卢尔强打精神，来到了德拉蒙德先生面前。他垂头丧气，倾诉自己的苦楚，认为自己犯了一个严重的错误——他现在做的工作，完全超过了自己能力。德拉蒙德先生一直沉默地听着麦克卢尔的讲述，也一直从容、镇静地看着麦克卢尔，脸上没有一丝一毫的焦虑。等麦克卢尔情绪平静之后，他对麦克卢尔说："假如一个人不是超过他的能力而工作，那说明他还没有最大限度发挥自己的潜力。每个人都是如此，如果你总能在最困难时找到最好的解决方案，那么你也一定会因此进入一个全新的领域。之后你会发现，再没有什么困难可以难倒你，也不再有什么力量可以阻止你向前。"在听完这番话后，麦克卢尔又挺直了腰板，脸上的灰暗也一扫而光。他将上司说的那句话写下来，贴在自己办公室最显眼的地方，作为时时鼓励自己的座右铭。

麦克卢尔每天上班时都会在心里重复这句话，而每当他看到这句话时，总会感觉浑身上下立即充满了力量，有使不完的劲儿。以前他总是担心自己会遇到无法解决的问题，而现在他开始欢迎难题和阻力。他发现，好像是在一种神奇力量的指引下，他总是能出人意料地找到解决方案。他发现了从来没有发掘的一个领域——想象的领域。他的想象带领他离开常规与习惯，赋予他创造的能力。他总能创造性地解决问题，为他的工作迎来了更大的发展空间！

麦克卢尔无疑是成功的幸运儿。不过我们在羡慕他的同时，更应该看到他成功的秘诀：他不再害怕自己会遇到无法解决的问题，而是欢迎难题和阻力的出现。

像那位钢琴大师和麦克卢尔那样，相信我们体内蕴藏有无穷的能量，相信我们能够做到"超高难度"的事情，这样，我们就可能超越自己原来的设定，走出意想不到的辉煌。

用自己的力量战胜忧虑

除了你自己，没有人能代替你消除你自己的忧虑。

——摘自卡耐基《人性的优点·如何消除工作上的烦恼》

假期到了，想不到的是，各个学科的老师都各不相让地给同学们布置了一大堆的任务，以至于娜娜痛苦地感叹道："休息比上学累得多啊！"

回到了家，娜娜看到那些作业，心里苦恼万分，她嘴里叼着笔，心不在焉地做了起来，感觉身上像是扛了一座大山，她边写心里边暗自盘算："这些作业，我要写到何年何月？"

晚餐时间已过，妈妈准备把电视关掉了："娜娜，妈妈要去看书了，你也去学习，好吗？"

"不好，我想再看一会儿。"娜娜抗议妈妈的决定。

"老师不是给你们布置了很多作业吗？你要先抓紧把作业完成，剩下的时间再玩，不要把作业都拖到最后才做。"

"妈妈，你知道我们有多少作业吗？"娜娜做了一个很夸张的手势，愤愤地说，"好多好多，我看了就头疼。老师为什么不让我们好好休息一下呢？"

"娜娜，你想想，你们只是写一个人的作业，就这么头疼，可是老师要批改的作业有多少你想过吗？"妈妈问道。

是啊，这个问题怎么从来都没有想过呢？让妈妈这么一问，娜娜不知道该做何回答了。

"毕竟，我们写作业是为了提高自己，所以不可以抱怨，对吗？"妈妈鼓励娜娜，"如果我是你的话，我就要让自己用最快的时间做完，把它当作是给自己的一个挑战，看看自己究竟能完成多少。”

“嗯，好吧。”娜娜高高兴兴地回屋写作业去了，把看电视的事情丢在了脑后。

对于学生来说，最经常出现的忧虑就是作业多得做不完。面对多得让人头疼的作业，娜娜最初的想法是要拖延。可是不管怎么拖延，已经布置下来的作业是不会取消的，娜娜只有一科科地把作业做完，才能把困扰她的忧虑消除。

有的同学觉得自己很聪明，他们从来不需要为作业忧虑，因为他们让别人帮他来做作业，或者借别人的作业抄，如此，不管老师布置多少作业下来，他都能准时“完成”。然而事实告诉我们，没有自己完成作业的能力，以后的每一次作业都会成为忧虑。因为当我们借助别人的力量跨越难题时，我们就失去了知道如何解决这类难题的机会，难题对于我们来说就永远是难题了。做作业并不只是一种形式，它的过程可以帮助我们积累知识，增强实力。同样的，消除忧虑也不仅仅只是一个形式，我们运用自己的能力消除忧虑，同时也就增加了应对这方面忧虑的能力，再遇到类似的情况时，就能游刃有余了。

再来看看下面这个故事吧。

一个充满好奇心的少年跟母亲住在一个农庄里。为了生计，母亲养了不少的鸡。每到小鸡孵出来的时候，蹲在那窝鸡蛋旁边，就能听到“笃笃笃”的清脆敲击的声音。母亲告诉少年，那是里面的小鸡开始啄蛋壳了——它们要冲破蛋壳的阻隔，来到这个美丽的世界。

少年亲眼看到白色蛋壳一点点露出小洞，一只只嫩黄的尖嘴不停地啄着，蛋壳碎掉一半，湿漉漉的小鸡就从洞口挣扎着挤出来了。才出壳的小鸡长得很难看，身上稀稀拉拉粘着几根毛，皮肤上布满一粒粒粗大的毛孔，抖抖索索的动作犹如古稀老人。奇怪的是只需一个晚上，第二天早上再去看它们时，一个个小鸡竟然一夜之间就完成了“华丽的转身”。它们披上了厚实柔软的漂亮绒毛，滚圆的身体像小皮球，漆黑的眼珠乱转，“吱吱呀呀”鸣叫，充满了蓬勃向上的生命活力。

少年曾多次向母亲要求：小鸡啄壳太辛苦、太慢了，不如我们帮它们敲碎蛋壳，放它们出来吧。母亲笑了，说不行，人工剥出来的小鸡娇弱不好养呢！少年不信，悄悄替一个正啄壳的小鸡轻轻剥开了蛋壳，然后在出壳的小鸡腿上绑上了一根红绳做标记。

以后的日子，少年一直跟踪观察那只绑红绳的小鸡。观察的结果是：那只小鸡果然有气无力，总是被一群强健的小鸡挤兑踩踏，喝水吃食总抢不到前面，只能弱弱地排在后面吃残羹冷炙。有一天，少年发现它死在笼子的一角，身体已经僵硬，为此他哭了好几天。

多可悲的小鸡啊！它没有依靠自己的力量“破壳而出”，而是借助他人的力量，最终输掉了一生。对于小鸡来说，蛋壳就是一种困境，或者说是一种忧虑；破壳后的竞争生活（立足、抢食等），也是一种困境，或者说同样也是一种忧虑。那些依靠自己力量“破壳而出”的小鸡，拥有战胜忧虑的力量，因为它们在啄碎蛋壳的过程中将自己的身躯锻炼得强健有力；而那只借助他人力量的小鸡却因娇弱无力而失去了战胜忧虑的能力。

人又何尝不是如此呢！不能依靠自己的力量突破成长路上的关口，就没有力量突破忧虑的封锁，最终自己的力量会变得越来越弱，直至完全失去战胜忧虑的能力。

忧虑就像老师布置的作业，忧虑就像包裹鸡蛋的蛋壳，我们必须依靠自己的力量去消除，这样才能将自己锻炼得很强大，强大到以后不再惧怕忧虑。

幸福取决于我们内心

世界上每一个人都在寻找幸福——这儿有一条确实有效的方法。那就是控制你的想法。幸福不会取决于外界的条件，它只取决于你的内心。

——摘自卡耐基《人性的弱点·给人留下良好的第一印象的简单方法》

在10多年前的中国，大街上熟人相遇，问得最多的是“你吃了吗”。然而时下在中国，最流行的问话莫过于“你幸福吗”。

因此，有网友戏称，“你幸福吗”已经代替“你吃了吗”，成了中国人打招呼的新方式。这个观点可能有些言过其实，但它的确反映了一个事实，就是：人们缺少幸福，人们渴望得到幸福。

我们每个人都想过美满幸福的生活，可是，幸福到底是什么？究竟怎样才能获得幸福呢？

在电影《求求你，表扬我》里，范伟饰演的杨红旗说过：幸福就是，我饿了，看到别人手里头拿着个肉包子，那他就比我幸福；我冷了，看见别人穿了件厚棉袄，那他就比我幸福；我想上茅房，就一个坑，你蹲那了，你就比我幸福！

当然，这只是杨红旗眼中的幸福。其实不同的人对幸福会有不同的定义。有人认为身体健康就是幸福，有人认为有情人终成眷属才是幸福，也有人认为事业成功是幸福，还有更多的人认为金钱能带来幸福。

可是，我们经常看到，身体健康的人为钱发愁，终成眷属的有情人为事业发愁，事业成功的人为健康发愁，拥有金钱的人却又为感情发愁。如果生活总是缺一块，人们就永远觉得不幸福。

那么，我们怎样才能弄明白，真正的幸福究竟是什么样的？

普希金说，幸福的特征就是心灵的平静。

心灵怎样才会平静？无非是满足自己的心灵需要。所以，幸福是什么的答案也就跃然纸上了——所谓的幸福无非是内心的一种需要，世间万物都有可能给人带来幸福，即使是刚刚从额间拂过的一阵风，恰好从头顶飘过的一片云。

年轻的时候，艾莎比较贪心，什么都追求最好，拼了命想抓住每一个机会。有一段时间，身为电台主持的她手上同时拥有13个广播节目，每天忙得昏天暗地，她形容自己：“简直累得跟狗一样！”

然而，事情都是双方面的，所谓有一利必有一弊，事业愈做愈大，压力也愈来愈大。到了后来，艾莎发觉拥有更多、更大不是乐趣，反而是一种沉重的负担。她的内心始终有一种强烈的不安笼罩着。

1995年“灾难”发生了，她独资经营的传播公司被恶性倒账四五千万美元，交往了7年的男友和她分手……一连串的打击让她心力交瘁，就在极度沮丧的时候，她甚至考虑结束自己的生命。

在面临崩溃之际，她向一位朋友求助：“如果我把公司关掉，我不知道我还能做什么？”

朋友沉吟片刻后回答：“你什么都能做，别忘了，当初我们都是从‘零’开始的！”

这句话让她恍然大悟，也让她勇气重生：“是啊！我们本来就是一无所有，既然如此，又有什么好怕的呢？”

就这样念头转了过来，她重新鼓起了生活下去的勇气，没有想到奇迹很快就发生了：在短短半个月之内，她连续接到两笔很大的业务，濒临倒闭的公司起死回生，又重新运作了起来。

历经这些挫折后，反而让艾莎体悟到人生“无常”的一面，费尽了力气去强求，虽然勉强得到，最后却留也留不住；一旦放空了，随之却能带来更大的能量。

她学会了“舍”。为了简化生活，她谢绝应酬，搬离了150平方米的大房子。索性以公司为家，挤在一个10平方米不到的空间里，淘汰了许多不必要的家当，只留下一张床、一张小茶几，还有两只作伴的狗儿。

艾莎赫然发现，原来一个人需要的其实那么有限，许多附加的东西只是徒增无谓的负担而已，却与幸福无关。

幸福是内心的满足。贪婪的人内心是永远不会满足的，所以他们永远不能获得真正的幸福。幸福不应过多求诸外界环境，而应多求之于内心，时刻让自己的内心保持一种积极健康的状态，并为此付诸行动，那么，幸福离你也就不远了。

第2种积极心态：

保持充沛活力，
绽放生命精彩

超越对手，激励自己

超越别人的欲望！挑战！抛弃钩心斗角的互相攻击！对一个有志气的人来说，这是一种最有效的激励。

——摘自卡耐基《人性的弱点·如果以上这些都没有效果，那么试试这一招》

对于竞争，现代人都不会陌生，因为我们几乎每天都会接收到这样一个信息：现在这个时代是一个竞争的时代，不能优胜就要被劣汰。只是，知道竞争不等于懂得竞争，面对竞争，面对许许多多强劲的对手，有的人往往采取的不是正当的超越对手的方法，而是暗地里使绊，使用一些损人不利己的不正当手段。来看看下面这个故事：

这天，陈刚老师刚在办公室坐下来，学生梦梦就跑过来，泪眼婆娑地说："老师，航航老是取笑我！呜呜……"一脸伤心欲绝的样子。这个孩子老是和航航相处不好，以前座位比较近，是三天两头闹矛盾。陈刚老师调解过多次，要互相宽容和体谅，道理讲了几箩筐。现在座位这么远，还是有问题?

经过调查，陈刚老师才明白，原来因为梦梦方言较重，曾在元旦会演中，演唱过《欧诺拉》，结果航航就抓住这个"把柄"嘲笑她。

陈刚老师反复地做梦梦的思想工作，这样的事情要学会自己处理，只要不理睬他，他自己觉得无趣，就自然不会说了。

可是梦梦不依，垂着头站在陈刚老师旁边嘤嘤哭泣。无奈，陈刚老师只好把航航叫来："航航，你过来，你为什么老是说人家？""我又没说她学习上的事。""你还狡辩！取笑别人，打击别人都是不对的。" 陈刚老师很生气地说。

“老师，我……我和她成绩差不多，但是她什么都比我做得好，我……我是嫉妒她，所以，我就想打击她一下。”

陈刚老师忍不住笑了，瞧这孩子！认错倒是挺快的。“你把梦梦看作对手，非常好。但是我们要向对手学习，才能进步。而不是打击对手，采取不正当的手段战胜对手。”

陈刚老师把两个孩子叫到走廊上，航航主动向梦梦认了错，后来还主动写了一篇检讨。

遇到比自己强大的对手，不思超越，而是想要以不正当的手段去打击对方，这样的做法虽然可以让自己获得一时的胜利，但却绝对不会对我们的能力进步有任何帮助。把对手作为挑战目标，以之鞭策自己不要懈怠，努力超越对手，同时也超越自己，这样才是面对竞争时应该有的健康心态。有志气的人都会选择这种公平公正的竞争方式，光明正大地去战胜对手，赢得胜利。

有志气的人不但会在竞争中遇强则强，而且他们更会充分利用竞争的好处，主动寻找强大的对手，在较量和挑战中不断发掘潜能，实现自我的超越。

20世纪60年代末，一位从伊利诺斯大学毕业的美国小伙子杰里·桑德斯，进入了加利福尼亚州一家半导体公司工作，仅用了两年时间就被提拔为负责西部11个州的销售经理，同事们还没来得及羡慕，他却甩出一句“我需要更强大的对手”，辞职回到了家里。

一个星期后，桑德斯对外宣布自己成立了一家公司，一家只有他自己的公司，并且他宣布，要生产微处理器。

“天哪，你想和英特尔去竞争？”同事们都觉得不可思议，在微处理器上，英特尔是一家绝对老牌的全球霸主，跟它抗衡无异于以卵击石、蚍蜉撼树。“与其胜过弱者，不如败给强者！”桑德斯坚定地说。

用了整整一个月的时间，桑德斯找遍了所有的银行和熟人，终于筹集到了8万美元资金。他将这仅有的8万美元投入了微处理器的研发和生产中。

因为有英特尔这个强大的对手，桑德斯对自己公司的发展方向非常明确。

在一天又一天的努力下，公司渐渐地取得了一些发展，得到了不少企业、政府机构和个人消费者的认可和欢迎。仅仅用了5年时间，他的公司就成功地在美国桑尼维尔上市。

20世纪80年代初期，那段时间全球半导体业都进入了萧条期，桑德斯却趁别人都无精打采的时候，更加火热地宣传和推广产品，结果销售额甚至一度盖过了英特尔。遗憾的是毕竟“瘦死的骆驼比马大”，更何况骆驼还没瘦死，只是小睡了一会儿很快又苏醒了过来，桑德斯的公司很快又被同行淹没了。

1997年，桑德斯再次推出k6处理器，向英特尔的“奔腾家族”发起了最强有力的挑战。1999年，他以年薪75万美元和10万支股票为代价，将摩托罗拉半导体部前总裁海格特·瑞兹挖进了公司……在竞争中，英特尔的市场份额被削减了不少，从原先的97%降到了70%，特别是与其合作的全球前五大PC厂商中，有4家转向与桑德斯全面合作。

就这样，桑德斯的公司取得了不断地发展，并先后在美国、中国、德国、日本、马来西亚、新加坡和泰国等全球数十个国家和地区设立工厂和业务机构，平均年产值也从几十万美元增长到数十亿美元。如今，桑德斯的公司是仅次于英特尔的全球第二大微处理器公司——AMD。

虽然，桑德斯在逾40年竞争岁月里从未真正战胜过英特尔，他却赢得了无数原本只属于胜利者才享有的掌声。从竞争的角度来说，他是失败的，然而从自我的角度上看，他又是成功的——他把只有一个人的公司，打造成了全球第二大微处理器公司。

美国《名利场》其中一期的杂志中这样评价杰里·桑德斯：“他让活动范围超过自己力所能及的限度，就像是一只敢与雄鹰比飞翔的山鸡，虽然最终无法战胜雄鹰，但这也使他成了一只能飞上蓝天的山鸡！”

在竞争的激励下，有了超越别人的欲望，一个人可以使自己的活动范围超过自己力所能及的限度。让我们激励自己吧！

用热情去结交朋友

如果我们想结交朋友，就要忘我地为他人做事情——做雪中送炭的事，充满精力、无私、考虑周全地去做。

——摘自卡耐基《人性的弱点·真诚地关心别人，你就会处处受到欢迎》

结交朋友是人生必不可少的一件事情，我们每个人都需要在这方面付出努力。可是，生活中，有的人总是很小心很认真地去经营，而身边的朋友却寥寥无几，有的人看上去并没怎么努力，却能轻松赢得众多朋友。这其中的原因到底是什么呢？

想要解开这个谜底，我们可以先来看看下面这个故事。

孙宝清过去是一名普通出租车司机，而现在他却在为纽约银行的行长做司机，无论是待遇还是发展机会都发生了巨大的飞跃，而这一切都源于他的热情。

事情是这样的：有一天，孙宝清在陆家嘴的浦东大道上接到一位年过半百的男子，他要去浦西的海鸥饭店赴宴。车子刚进隧道，客人突然要求掉头。孙宝清说："隧道里不能掉头，只有到浦西再说了。"客人说："我出门时换了条裤子，没带钱。如果到浦西再掉头，赴宴就来不及了。"孙宝清笑了："没关系，我可以免费送你去。"

车子经过外滩时，客人问孙宝清："这是什么地方，这么漂亮？""外滩呀。"交谈中，孙宝清明白了：客人是刚刚来上海不到一个星期的美籍华人。

车到海鸥饭店，客人刚要下车，孙宝清拦住他，递过3张乘车证，说："你身边没钱，等一会回去，可以打上面的电话，让出租车来接你。这3张票子可以付30元车费，即使不够用，司机也会送你回去的。"

客人收下3张乘车证，留下一张名片。孙宝清忙着做生意，没看这张名片就随手放在仪表盘上。直到很晚，他借着路灯的亮光才看清楚名片上写着：纽约银行中国区总经理上海分行行长龚天益。

两天后的下午，孙宝清的手机响了。一位自称龚天益秘书的人打电话给他："老板通过出租车的发票找到你的手机，他问你是否愿意来纽约银行做他的司机？"

这天晚上，孙宝清一家人开了"全体会议"：与单位签订了4年的合同，才干了一年多，单位会同意吗？违约金付得起吗？

第二天，孙宝清找到经理屠德发。屠经理二话没说："董事长说过，只要是好职工，去好的地方，我们就欢送，不算违约。"

孙宝清只是一名普通的出租车司机，但他却能获得龚天益的赏识，获得对方提供的工作，还获得原单位领导的特别照顾，原因就在于他的热情。因为有热情，他总会把工作做到最好，值得人们信赖；因为有热情，他总会热心帮助有困难的人，让人内心温暖而感动。一个让人信赖和感动的人，不正是值得真心相交的朋友吗？

热情可以帮助我们结交更多朋友。因为热情就像寒冬里的一把火，没有人能抵挡得了它的吸引力。我们若能把热情融化到日常生活中，举手投足都充满热情的魅力，那么不需要其他刻意的努力，也能够吸引朋友的到来。

现在，我们是不是应该思考：怎样才能把热情融化到日常生活中？这个问题其实也不难，马德琳·科贝尔·奥尔布赖特，这位美国历史上的第一位女国务卿，早已经给出了答案。

奥尔布赖特在当美国国务卿之前曾是BON电影公司的公关部经理。她面临着巨大的职业挑战，同时又必须面对许多现实的东西，像人际关系的处理、家庭生活的和谐等，但她巧妙地使这些烦琐的事情顺畅起来。

比如，她的下属总会在某一个繁忙的下午突然收到一张上面写着诸如"你辛苦啦""你干得非常出色"之类的小卡片，或一张精致典雅的卡片。而在她丈夫生日的那一天，她总会努力举办一个家庭小舞会，而且是一个人事先布置好。就这样，在繁忙工作的间隙，她并没有花太多的时间，却给他人送去了一份又一份快乐。

她对这一做法，饶有兴趣地解释说："大家的节奏都那么快，大部分人都忘了一些最基本的问候，都认为这些是无足轻重的小细节。其实正是这些细小的方面使人与人之间的情感变得不那么紧张，那我就想：为什么我不能做得更好些呢？"

她又说："一份小小的问候就能体现出一个人的热情和诚意，使他人感到温暖。人与人之间渴望沟通和交流，而这些细小的方面是最能体现出你的那一份心意的，这是对我个人形象、风度的一个最佳传播，当她们看到那些卡片的时候，就一定会想起我，而且在她们心中隐含着对我的那一份谢意，会使她们更认为我是一个完美无缺的人，她们总会想到我好的地方，不会注意我的缺陷。"

是啊，在每一次见面的时候，给别人一个热情的问候；在别人关心的事情上，表示足够的关心，这样的事情并不需要我们付出很多，却能为我们赢得一个又一个真心的朋友。为什么不这么做呢？

如果我们想结交朋友，就最好遵循卡耐基的教诲："忘我地为他人做事情——做雪中送炭的事，充满精力、无私、考虑周全地去做。"而这些，都需要饱满的热情！

培养好心态，释放正能量

无论是战争年代还是和平时期，好的心态和坏的心态之间最大的区别就在于：积极的心态能让人考虑到前因后果，从而合乎逻辑地制订具有建设性的计划；而消极的心态最终会导致精神紧张和崩溃。

——摘自卡耐基《人性的优点·生活在“完全独立的今天”》

有人说，积极心态决定成功的人生，消极心态只能给人带来失败和沮丧。确实，拥有乐观、积极的心态，我们看待身边的人、事、物，就会更注重其有益的一面，而尽量避免去注意其不利的一面。如此，我们的内心会得到更多的鼓励，成功的意识会更加坚定，行动也就更加有力迅速，更能把握各种机会。

利用好心态来释放正能量，激发更大的潜能，这是约翰·伍登教练带领的球队常常获胜的“秘诀”。

约翰·伍登在40年的教练生涯中，所带领的高中和大学球队获胜的概率在80%以上，在全美12年的篮球年赛当中，他所带领的球队曾替加州大学洛杉矶分校赢得10次全国总冠军。如此辉煌的成绩，使伍登成为大家公认的有史以来最成功的篮球教练之一。

有人向他请教成功的秘诀，他说：“每天我在睡觉以前，都会提起精神告诉自己：今天的表现非常好，而且明天的表现会更好。这句话我坚持了20年！”

伍登教练不仅在工作中时刻保持积极的心态，在生活中他也是一个积极乐观的人。

有一次他与朋友开车到市中心，面对拥挤的车潮，朋友感到不满，继而频频抱怨，但伍登却欣喜地说：“这里真是个热闹的地方。”

朋友好奇地问："为什么你的想法总是异于常人？"伍登回答说："一点都不奇怪，我总是只看事物有利的一面。不管是悲是喜，我的生活中永远都充满机会，这些机会的出现不会因为我的悲或喜而改变，只要不断地让自己保持积极的心态，我就可以掌握机会，激发更多的潜在力量。"

没有人能确保伍登教练带领的球队长胜不败，但积极的心态可以激发球员们埋藏在身体深处的潜能，把握住每一个赢球的机会，为球队获胜提供巨大的助力。

在现实生活中，我们年轻一代最常遇到的阻碍，就是浮躁。因为浮躁，我们常常好高骛远，常常幻想一步登天。可是这些是不现实的，这样的想法只会将我们带向失败。真正的成功，需要一步一步脚踏实地地去获取。因此，我们需要培养积极的心态去克服浮躁，让自己从一开始就遵循正确的途径向成功迈进，而不是等到失败之后再吸取教训从头再来。

小刘刚进华为的时候，公司正提倡"博士下乡，下到生产一线去实习、去锻炼"，就这样，小刘响应公司号召去了生产一线。实习结束后，领导安排小刘从事电磁元件的工作。堂堂的电力电子专业博士按说应该干一些大项目，谁料想却在这里坐起了冷板凳，搞这种不起眼的小儿科，小刘实在有些想不通。

不过想不通归想不通，工作还要进行。就在小刘接手电磁元件的工作之后不久，公司电源产品不稳定的现象出现了，结果造成许多系统瘫痪，给客户和公司造成了巨大损失，受此影响公司丢失了5000万以上的订单。在这种严峻的形势下，研发部领导把解决该电磁元件问题故障的重任，交给了刚进公司不到3个月的小刘。

在工程部领导和同事的支持与帮助下，小刘经过多次反复实验，逐渐清晰了设计思路。又经过60天的日夜奋战，小刘硬是把电磁元件这块硬骨头啃下来了，使该电磁元件的市场故障率从18%降为零，而且每年节约成本110万元。直到现在，公司所有的电源系统采用的都是这种电磁元件，时过近两年，再未出现任何故障。

此后，小刘又在基层实践中主动、自觉地优化设计，改进了100A的主变压器，使每个变压器的成本由原来的750元降为350元，且减小了体积和重量，每年为公司节约成本250万元。

那次电磁元件的事件对小刘的触动特别大，他曾不无感慨地说："貌似渺小的电磁元件，大家没有去重视，结果我这样起初'气吞山河'似的'英雄'在其面前也屡次受挫、饱受煎熬，坐了两个月冷板凳之后，才将这件小事搞透。我们往往一开始就只想干大事，而看不起小事，结果是小事不愿干，大事也干不好，最后只能是在这些小事面前束手无策、慌了手脚。电磁元件虽小，里面却有大学问。更为重要的是它是我们电源产品的核心部件，其作用举足轻重，非得要潜下心、冷静下来，否则不能将貌似小小的电磁元件弄透、搞明白。做大事，必先从小事做起，先坐冷板凳，否则，在我们成长与发展的道路上就要做夹生饭。现在看来，当初领导让我做小事、坐冷板凳是对的，而自己又能够坚持下来也是对的。有专家说：'我们有许多研究学术的、搞创作的，吃亏在耐不住寂寞，总是怕别人忘记了他。由于耐不住寂寞，就不能深入地做学问，不能勤学苦练。他不知道耐得住寂寞，才能不寂寞。耐不住寂寞，偏偏寂寞。'这段话推而广之，适合于各行各业和各类人员，凡想做点事情的人，都应该先学会耐得住寂寞，先学会坐冷板凳，先学会做小事，然后才能做大事，才能取得更大的业绩和成效。"

浮躁的人会到处钻营，试图引起别人的注意，但这样做往往并不能给自己带来多少实质性的好处。心态良好的人，懂得在适当的时候做适当的事情。坐冷板凳的时候，最适当的事情就是观摩和学习，为将来的"实战"储备正能量。

强大我们的内心

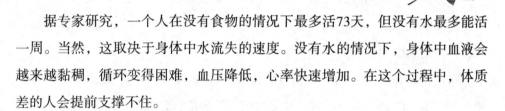

我们的心理状况，对我们的生理能力，有着令人难以置信的影响。

——摘自卡耐基《人性的优点·在心中憧憬美好的生活》

据专家研究，一个人在没有食物的情况下最多活73天，但没有水最多能活一周。当然，这取决于身体中水流失的速度。没有水的情况下，身体中血液会越来越黏稠，循环变得困难，血压降低，心率快速增加。在这个过程中，体质差的人会提前支撑不住。

不过，有一个办法可以使体质差的人也能熬过关键的一周，那就是心存希望，启动心理的能量。下面这个故事可以给我们一些启示。

“詹姆士”号海轮已经连续航行了十几天，再需半天时间，就将到达目的地。疲惫的乘客们再度兴奋起来，相互打着招呼，大声地谈笑着，有的人已经在互递名片，相约“再见”。

大副杰克逊也乐滋滋的，摸了摸上衣口袋里带给儿子的礼物，想到马上要与妻子和儿子共享天伦之乐了，他兴奋地捧起水壶，一阵“咕咚”“咕咚”猛灌……

就在这时，身后传来一阵慌乱惊叫的声音，杰克逊回头一望，天哪！船舱里居然冒出滚滚浓烟！接着惊慌失措的乘客纷纷逃出船舱，拥向甲板。没等杰克逊反应过来，浓烟已扑面而来，乘客们绝望地拼命往海里跳。

杰克逊跑到船舷旁，解开一只救生艇，从水里救出6个人。但没等杰克逊救起第七个人，一个巨浪把救生艇冲出足有10米远。后面的“詹姆士”号突然化成一团冲天的火球，随即爆发出一声震耳欲聋的巨响，分解成一块块碎片……

7个幸存者极目四望，海天茫茫，他们不知身在何方。更让他们担心的是，他们没有食物，最后一点淡水就挂在杰克逊的脖子上。杰克逊看了看胸前的水壶，而后对大家说："它是我们生命的最后保障，我们只有到了生命极限的时候，才能动它。"说着，他从腰间掏出一把左轮手枪，继续道："不到万不得已，谁也别打这壶水的主意……谁要敢乱来，我就毙了他！"

救生艇继续在海面上漫无目的地漂流。第三天早上，爱丽斯夫人突然晕厥过去，大家摇晃着呼唤她，爱丽斯发出低低的声音："水……水……"杰克逊搂着爱丽斯的脖颈，轻声说："夫人，现在还不是最危险的时候，你还能顶住。"

一旁的道格拉斯趁杰克逊分神，就要过来抢水壶。杰克逊迅速从口袋里掏出手枪来，大喝道："别动！小心我一枪打死你！"道格拉斯被黑洞洞的枪口镇住了，终于没敢过来。

爱丽斯时昏时醒。她唯一一句话就是："水……水……"但杰克逊握着手枪，护着水壶，也只说一句话："坚持住，到必要的时候，我会喂你水的。"

当第六个清晨来临时，除了克劳因喝海水而死，其他的人都再也无法动弹。10只眼睛死死地盯着杰克逊手里的水壶，而杰克逊则警惕地注视着每一个人。

这时，远处突然传来了汽笛声。接着，两道刺目的灯光扫射到救生艇上，救援的海轮终于发现了他们。仿佛有一股力量注入大家的体内，他们终于发出微弱的声音："救……"杰克逊嘀咕了一声："上帝啊！"头一歪就昏厥过去了。

道格拉斯哆嗦着爬到杰克逊跟前，拽过那只水壶，他想灌个痛快。但他感觉水壶太轻，好像没有水。道格拉斯摇晃着水壶，仍没听见壶里有什么动静。他拧开水壶盖儿，将水壶口朝下，结果还是没有一滴水……

当杰克逊醒来时，发现他们都躺在医院里，道格拉斯正望着他。杰克逊朝道格拉斯点点头，道格拉斯还以友好的一笑，问："大副先生，你是否知道，你守着的那个水壶里根本没有一滴水？"

杰克逊笑着回答："我早就知道里面没有水，但我给你们虚构了一个希望。有了这个希望，你们才会不断地对自己说：'我总会喝到那壶水的，我能坚持住。’你们自始至终没有喝到水，但你们的心灵被水滋润了。如果你们知道水壶里没有水，你们会觉得没有希望，你们会被绝望打败，生命就会在心灵死亡后消失。”

“天啊，”道格拉斯惊叹道：“那你自己呢？你明知道没有水，又怎么坚持下来的？”

杰克逊答道：“我是这么想的，只要你们能活到那一天，我也一定能够。”

别说是像爱丽斯夫人这样的弱质女流，就是道格拉斯这样的男子汉，要没吃没喝地熬一个星期，也很难熬得过来。但这只救生艇上的这些乘客都熬过来了，因为他们始终有一个希望挂在大副杰克逊的胸前——那只被认为装满水的水壶。

身体的能量虽然主要由食物提供，可是当食物欠缺的时候，良好的心理也能暂时充当我们的能量供应站。在这个故事里，大副杰克逊具备良好的心理素质，就像高级商业大厦里维护得非常好的备用发电机，当遇上突发情况时，他就把电力输送给那些疏于维护设备的同伴。

谁也不能保证，遇到灾难或其他突发情况时，自己的身边会有一个大副杰克逊，可以为我们提供能量。所以，任何时候，我们都应该懂得为自己打算，要以防万一，也就是要早早地锻炼自己的心理，强大我们的内心，像维护备用发电机那样，让它随时都能立刻进入工作状态。

可是，怎样锻炼才是行之有效的方法？心理学家已经给出了一个建议，就是不管我们在生活中遇到多么大的困难，都要坚定不移地给自己一个希望，要告诉自己，“我一定可以的！”“希望就在下一秒！”如果在心中默念的效果不够显著的话，我们就大声喊出来，坚定地对自己重复一百遍，一千遍，直到自己相信为止，直到自己真的做到了为止。

做最坏的打算，做最好的努力

当我们接受了最坏的结果后，我们就不再担心会损失什么，即使失去也有希望挽回。

——摘自卡耐基《人性的优点·排解忧虑的“万能公式”》

当遇上十分糟糕的事情时，如果我们只懂得恐慌、惊惧、抱怨，那么我们就真的陷入绝境了。因为在这样不稳定的心理环境下，我们的脑袋就会像浆糊一样，失去思考的能力，根本想不出脱困的办法来。相反，如果我们能泰然处之，以平和的心态接受最坏的结果，然后冷静下来思考应变的方法，那么我们就有希望摆脱糟糕的状况。

凭什么这么肯定？因为威廉·卡瑞尔——备受卡耐基推崇的解除忧虑的“万能公式”的提出者曾说过：“在心理上能够面对最糟糕的情况后，立即会感到轻松，获得一种从未有过的平静。这样，才能开始思考。”如果我们不知道威廉·卡瑞尔是谁，信不过他的话，那么，中国现代著名学者林语堂的话，总该相信了吧。林语堂在他的著作《生活的艺术》里说道：“平和的内心能顶住最坏的境遇，能挖掘潜能，焕发新的活力。”所以，我们可以相信，能够平静地为自己的境遇做最坏打算的人，通常都有能力闯出困境。下面的这个故事可作例证。

有一位美国石油商人，他被人恶意敲诈了。

事情的经过是这样的：那时候正处在战争时期，美国的物价条例十分严格，石油供应商提供给顾客的油品供应量都有配额限制。这个石油商人雇用了几辆运油汽车，运油汽车的司机中有几个要了坏心眼，他们在给客户运油时，把应该给顾客的定量油偷偷克扣下来，卖给了其他人，而这个石油商人却丝毫不知情。

有一天，一个自称是政府调查员的人来找石油商人，向他要红包。他说他掌握了运油员违法的证据。他还威胁说，如果不答应给他钱，他就把有关证据送交给地方检察官。一开始，这个石油商人并不很担心，因为他觉得这和他本人没有关系。但很快他就忧心忡忡了，因为他知道了法律有这样的规定：公司的老板必须对自己员工的行为负责。而且，万一案子打到法院，必定被媒体曝光，这种负面影响会毁了他的生意。他一直为自己的公司骄傲，那是他父亲在24年前开创的事业。要毁掉父亲辛苦创下的事业，那是他绝对不能够接受的。

当时这个石油商人急得整整三天三夜不思饮食，夜夜失眠。他一直被这件事情困扰，无法自拔。他是该给那个“政府调查员”5000美元，以塞住他的嘴巴呢？还是该对那个人说“你爱怎么办就怎么办”吧。他一直犹豫不决，几乎每晚都做噩梦。

直到有一天，他突然想起不知道是谁说过的一句话：勇于面对最坏的结果。这时他才心神稍有安宁。他开始自我分析：“如果我不给钱，那些勒索者把证据交到地方检察官那里，可能发生的最坏情况是什么呢？”

答案是：毁了他的生意。仅此而已。他不会被抓去坐牢，更不会被枪毙，最多仅仅是他的生意因为媒体报道而一落千丈。于是，他对自己说：“好了，就算生意不能做了，我在心理上可以承受这一点，接下去又会怎么样呢？”

“生意做不下去之后，也许我得另外找个工作。这也不是很难，我对石油行业很熟悉，有几家大型石油公司也许会雇用我。”

经过这么分析后，这位石油商人的心情开始平静了。折磨了他三天三夜的忧虑也开始逐渐消散。他的情绪基本稳定了下来。更令他惊喜的是，他又开始理智地思考了。他清醒地看到了下一步：怎样改善目前不利的情境呢？

就在他考虑如何解决的时候，一个崭新的策略展现在他的面前：如果我把整个情况告诉我的律师，他也许能帮我找到一条我没有想到的新思路。我过去一直没有想到这一点，完全是因为我只沉浸在焦虑中无法思考。

石油商人立即决定，第二天一早就去见他的律师。做完这个决定后他就上了床，并且很快就酣然入梦——这是他三天里第一次这么轻松而又愉快地进入了梦乡。

第二天早上，石油商人见了他的律师。律师建议他去见地方检察官，把整个情况告诉检察官。他照着律师的话去做了。当他说出事情原委之后，出乎意料的是，他听到地方检察官说，这种敲诈案已经持续好几个月了，那个自称是“政府官员”的人，其实是个警方通缉的诈骗犯！

“敲诈者只是个‘冒牌货’而已，为此‘冒牌货’而三日三夜不眠，身心饱受折磨，这真是太不值得了！”石油商人如释重负。

是啊，为还未知的结果而过度忧心伤神，是不值得的。假如我们每个人都能够像这位石油商人一样，在遇到棘手状况时，勇敢地做好最坏的打算，然后在一个平和理智的心态下，尽自己的最大努力去解决问题，那么，没准最终的结果会没那么糟，甚至还让人惊喜呢！

别考虑太多，行动更有益

我问俄克拉荷马州最成功的石油商人怀特·飞利浦，如何执行自己的决策，他说："考虑问题要适度，否则，就一定会造成迷惑和忧虑。有时，过多的查证和思考对我们并无益处，我们必须下定决心，坚决执行，绝不能优柔寡断。"

——摘自卡耐基《人性的优点·如何分析并从忧虑中解脱》

当我们想去做某一件事情的时候，认真了解这件事情的可行性，仔细分析去做这件事情的利弊，然后确定是否行动，这样一番事前准备是很有必要的。可是，这并不等于说我们下定决心后，还要继续瞻前顾后，还要对自己的决定存疑。当我们已经做出了决策时，就不应该再继续停留在思考的层面上，而应该付诸行动。只有把决策付诸实践，我们才能知道它会给我们带来怎样的结果。

现实往往是瞬息万变的，过多的思考可能不仅不能够提高我们行动的效果，反而可能让我们错失最好的行动时机，最后甚至可能带来一无所有的后果。就像下面这个小故事：

多多是一个可爱的小姑娘。和她住在同一个村子里的王先生有一家水果店，主要出售本地产的水果。一天，王先生对正在玩耍的多多说："你想挣点钱吗？"

"当然想，"多多回答，"镇子上有一家卖洋装的服装店，我很喜欢里面那件粉色蕾丝边的裙子，可是我买不起。你如果能给我一份工作，我就能够攒钱去买下它了。"

"是这样啊，好吧，多多。"王先生说，"我承包了一片果园，现在正是果实成熟的时候，你来帮我摘苹果吧，每摘一个我就付你1角2分钱，你觉得怎么样？”

多多听了，想想可以这么轻松地赚到钱，非常高兴。于是她迅速跑回家，拿上一个篮子，准备马上就去摘苹果。

刚跑了没几步，她不由自主地想到，先算一下采30个苹果挣多少钱比较好。于是她拿出一支笔和一块小木板认真地算起来。“哇，可以赚3元6角。”

“如果100个的话，我就有12元了？”

“我如果能摘到200个，就有24元，天哪，我很快就可以买到那件粉色蕾丝边的裙子了！”

多多越想越高兴，小木板上慢慢就写满了数字。她把大量的时间都花费在这些计算上，不知不觉已经到了中午吃饭的时间，她只好提着空篮子回家，心想等到下午再去也不迟。

多多吃过午饭后，急急忙忙地拿起篮子向果园赶去。一进果园，多多就傻眼了。原来，果园里来了许多男孩子，他们已经把苹果摘得差不多了，可怜的多多最终只摘到了十几个苹果。

多多懊悔极了。

多多答应了王先生去帮忙采摘水果，她知道这样可以赚到很多钱，可是她一直停留在思考和计算中，等到她终于行动时，时间已经流逝，采摘苹果的好时机已经错失了。

过多地考虑通常都是无益的，只有行动才可以带给我们最理想的结果。这就好像一个人站在一道门面前，他越是思考打开后会遇到什么样的困难，就越没有勇气去推门，反而是不多加思索地推门就进，能一眼看清门里面的情况，然后迅速做好应对。

安妮是大学里艺术团的歌剧演员。在一次校际演讲比赛中，她向人们展示了一个最为璀璨的梦想：大学毕业后，先去欧洲旅游一年，然后要在纽约百老汇中成为一名优秀的主角。当天下午，安妮的心理学老师找到她，尖锐地问：“你今天去百老汇跟毕业后去有什么差别？”安妮仔细一想：“是呀，大学生活并不能帮我争取到去百老汇工作的机会。”于是，安妮决定下学期就去百老汇闯荡。

老师又紧追不舍地问：“你下学期去跟今天去，有什么不一样？”安妮激动不已，她情不自禁地说：“好，给我一个星期的时间准备一下，我就出发。”老师步步紧逼：“所有的生活用品在百老汇都能买到，你一个星期以后去和今天去有什么差别？”

安妮终于双眼盈泪地说：“好，我明天就去。”老师赞许地点点头。第二天，安妮就飞赴到全世界戏剧艺术家们都向往的艺术殿堂——美国百老汇。

当时，百老汇的制片人正在酝酿一部经典剧目，几百名各国艺术家前去应征主角。按当时的应聘步骤，是先挑出十个左右的候选人，然后，让他们每人按剧本的要求演绎一段主角的对白。这意味着要经过百里挑一的两轮艰苦角逐才能胜出。安妮到了纽约后，费尽周折从一个化妆师手里要到了将排的剧本。这以后的两天中，安妮闭门苦读，悄悄演练。

到了面试那天，安妮用她那真挚的情感，惟妙惟肖的表演，彻底征服了评委们。评委们通知工作人员：面试已经结束，剧目的主角非安妮莫属。就这样，安妮来到纽约的第三天，就顺利地进入了百老汇，穿上了她人生中的第一双红舞鞋。

因为对人生和对自己的能力考虑过多，安妮把自己的梦想安排在一年后去实现。然而听取了老师的建议后，她取消了过多的顾虑，轻松地实现了梦想。事实不正是这样吗？困难常常不像我们以为的那么多、那么大，用心地做好规划，然后快速地去执行它，这样，成功自然而然就会来到我们身边。

做好今天，拥有现在

在相逢的瞬间，我们都正站在两个永恒的交点上——已经消逝的漫无边际的过去和延伸至永无尽头的未来。我们不可能生活在两个永恒之中，一秒也不行。否则，昨天和未来的双重负担会毁掉我们的身心。既然如此，就让我们以生活在这一刻而感到满足吧。做好今天的事情，从现在开始到夜晚来临。

——摘自卡耐基《人性的优点·生活在“完全独立的今天”》

我们是否在考试失利后，沉浸在对过去不努力的后悔中，以至于忘了现在就要更加刻苦地去学习？我们是否太多地幻想考试得第一的美景，把看书写作业的时间都浪费了，以至于不得不借用休息的时间？是的，这是非常常见的现象，“现在”被过去的记忆和未来的幻想所占据，本应该拥有的快乐和充实被懊悔和虚幻所代替。玛丽、欧兰、索尼的故事值得我们反思。

玛丽决定到森林中去享受自然风光，好好享受她“现在”的时光。但是，到森林中以后，她却让自己的思想漫游到她在家时应当作的那些事情上。她在想：小孩、日常用品、住房、票据，每件事情是否都安排妥当了？在其他的时间，她的思绪则飞到她走出森林后将必须做的那些事情上。“现在”就这么过去了，“现在”就这样被过去的事情和将来的事情给占据了，因而，在那样的情境下，玛丽根本没能享受到森林中那迷人的自然风光。

欧兰为了轻松一下，便去了一个小岛。她整个假期都在岛上晒太阳，不过，她不是为了享受温暖的阳光照射在她身上的那种十分惬意的感觉，而是为了等待她那些留守家中的朋友在看到她回家后的健康肤色后会对她说的一些恭维话。她的心用在将来的时刻，而当将来的时刻来临时，她又对不能回到海岸晒太阳而惋惜不已。

还有索尼。索尼在阅读一本教材时，竭力不让自己的思想走神。但是，他突然发现自己只读了3页，他的思想便开始走神了。尽管他的眼睛盯在每个词上，但他对书中的那些内容却视而不见，他完全不知书中讲些什么，一个观点也没有吸收进去。他只是表面上在阅读，他的“现在”正想着昨晚的电影，或者说，正在担心明天的测验。

在森林中享受自然风光，在海岛上晒太阳，在阅读中增长知识，这原是多么快乐充实的事情，可玛丽、欧兰和索尼三个人却并没有得到这种美好的体验，因为他们让自己的思想散落在过去和未来的事情上，却唯独不停留在当下的事情上。这三个故事清楚地告诉我们，忽视现在是多么可怕的错误，它偷走了我们现在的生活，却让我们沉浸于虚幻的憧憬和无意义的懊恼之中。

所以，不要念念不忘过去，也不要老是幻想将来，把今天的事情做好，对当下的每一个细节都认真对待，我们才会感到生活的分分秒秒都是那么珍贵和有意义，才会不虚度每一天。

最后，让我们再来看看泰伦斯的故事。

某一天午后，泰伦斯带他的小狗碧珠出去散步。大概走了4个路口之后，泰伦斯突然发现自己根本不是在散步，而是想着刚刚和一位电视节目制作人通过的电话，他在担心出书的截稿日期，在盘算要不要请一位新的助手。泰伦斯的心无所不在，就是不在这散步的路上。“快乐只能从当下里寻找，”泰伦斯提醒自己，“但是我要怎样让自己回到当下？就算能回到当下，我又该怎样把自己的心留在当下？”

忽然有两个字闪进了泰伦斯的脑里：“此刻。”于是泰伦斯开始用这个词来造句，描述在每一个当下所做的事：

“此刻，我和碧珠正走上一个小山坡……此刻，我在柏油路上一步一步地向前走……此刻，我正看着碧珠那小巧的身影在我前面又蹦又跳……此刻，我正深深地吸入一口夏日的空气……此刻，我正抬头仰望蓝天……此刻，我正欣赏一朵红花……此刻，我在这儿；此刻……”

在泰伦斯练习“此刻”冥想的同时，他的思绪放松了，他的呼吸也逐渐深而缓了，他不再一路催促碧珠，它停下来时，泰伦斯也欣然止步。他开始专心于每一个刹那，一股宁静祥和的感觉渗进他每一个细胞。散步结束回到家里，泰伦斯觉得自己好像刚刚度过了一个美妙假期，脸上还挂着满意的笑容。

从那一天起，泰伦斯便常常做“此刻”冥想，尤其是在寻找真实的刹那的时候。

如果你想用“此刻”冥想呼吸法来做某种情绪治疗，在冥想时，你可以试试这样的句子——

吸气时想：“此刻，我吸入了爱。”

呼气时想：“此刻，我呼出了恐惧。”

再来一次……

如此时常冥想，便享受到了一种宁静的快乐。

也许我们不习惯刻意去进行“此刻”冥想，那么就让我们认认真真、踏踏实实地做好手上的事情，按时地完成每一天的学习或工作任务吧。在这样做的过程中，我们也就能体验到属于“今天”的快乐，品尝到属于“此刻”的满足。

不要等到累了才休息

消除疲劳和忧虑的首要规则就是：经常休息，在你感到疲倦以前就先休息。

——摘自卡耐基《人性的优点·如何消除疲倦》

生活中，我们常常羡慕一种人，他们好似永远不会累，什么时候都精力充沛，神情愉悦。对于他们，我们常常好奇，是什么秘诀使他们常保这种绝佳状态呢？其实秘诀很简单，就是经常休息，在感到疲倦之前就先休息，就像心脏那样。

心脏几乎全是肌肉，它是人体中最强健、最有活力的部分。心脏大概每秒钟跳一次，把血液挤到全身去。它的工作量是惊人的，每天平均要收缩十万次，排出两千多加仑血液，正常情况下从不漏掉一次跳动。如果将这些血液集中起来，足够装满一节火车上装油的车厢。而心脏每天所供应出来的能量，也高得惊人。

那么一个拳头大小的心脏，为什么能承受如此重的任务呢？

原来，心脏并非像人们想象的那样，一天24小时，分秒不差地不停工作。

心脏的工作是如此沉重，就要求有周期的休息，不然它的跳动就不可能持续七八十年或更长时间。每次心脏收缩之后，接着就有一个短暂的休息舒张。健康的心脏收缩占大概1/10秒，其余的大概9/10秒是用来休息的。

休息期间，心脏获得氧气和各种营养物质，使它能继续保持很高的工作效率。全天算起来心脏只工作9小时，其他15小时都处于休息状态。

身体其他的器官也是这样地在工作和休息，循环不息。

列宁曾经说过，“会休息的人才会工作”。

确实，我们曾经对生活的认识存在误区，以为要等到累了才能休息，所以常常超负荷地工作或学习，长期精神紧张和生活无规律，以为这样是活力强健的表现，结果只是诱发出了疲劳。

其实，疲劳是一种保护性反应，提示我们必须休息了，因为活力已经进入了尾声。等到这个时候，我们想要恢复活力，常常要花费很大的代价。这就像一把斧头，刚出现缺口的时候，如果我们能停下使用，先去进行磨砺修补，这样花费的时间并不多；可如果等到整把斧头都布满缺口的时候，花费的时间就可能是重新打造一把斧头的时间了。

所以，真正要长保活力，就应该像心脏那样，别等到累时才休息，要学会主动休息。

美国棒球名将康里·麦克说，每次出赛之前，他都要睡个午觉，如果不能做到的话，到第五局时，他就会感到筋疲力尽了。但只要睡午觉的话，哪怕只睡五分钟，他都能精神饱满地打完全场，一点也不觉得累。

大发明家爱迪生认为，他无穷的精力和耐力，都来自于他能随时说睡就睡的习惯。

商业巨匠亨利·福特在80岁的时候依然精神矍铄，他认为秘诀就是：“能坐下的时候我绝不站着，能躺下的时候我绝不会坐着。”

在感到疲倦之前就主动休息，不仅能让我们的活力得到不间断的维持，而且精神的放松还能让我们消除情绪上的紧张状态，保持健康向上的积极心态。

在第二次世界大战的时候，英国为了生产大量的战略物资，许多工厂一周工作72个小时，但工人的产量只相当于平时的66个小时，而且工人变得烦躁异常，精神萎靡，事故和不合格产品数直线上升。

后来，工厂主减少了每周的工作时间，结果事故和不合格产品少了，工人的精神也好转了许多，产量还令人惊奇地上升到了相当于每周工作74小时的指标。

工厂主还进一步实验，发现每周工作时长降低到48小时，是工人出现精神委顿的临界点，而产量却可以上升15%。英国各地的工厂都证实了这一结果。

于是，英国政府通过了一条法律：每周工作要休息一天，每年至少要休假两周。

总之，无数的事实已经表明：在感到疲劳之前就主动休息，是一种最健康的生活方式，它不仅有利于我们的躯体健康，而且有利于保证我们的工作效率。

当然，这里说的休息不一定是躺下来花大量时间睡觉。在长时间集中精神做一件事情的时候，花个几分钟闭目养神，或忙里偷闲安静地听一首歌，又或开个小差做点儿其他事情，都是一种休息，都能有效缓解我们身体机能的疲劳，舒缓紧张的情绪。

承受颠簸方能驾驭旅程

如果我们在坎坷的人生旅途上，也能承受各种压力和所有颠簸的话，我们就能更长久，更游刃有余地驾驭自己的旅程。

——摘自卡耐基《人性的优点·直面无法避免的事实》

你可知道，为什么汽车的轮胎要用橡胶为原料吗？原来，用橡胶制作的轮胎具有弹性，能够吸收路上各种冲击力，因此不管道路多么坑洼不平，不管负载的东西多么沉重，橡胶轮胎都耐磨耐用。

我们的人生之路从来都是不平坦的，而且我们每个人都注定是要负重前行的，所以，要想在人生道路上走得更远更长久，我们就要学习橡胶轮胎，要承受得住颠簸和重压。

越是成功的人，身上所负的重量就越大，所走的道路也越坎坷，他们承受颠簸的能力通常也越强。就像我国第一枚射击金牌的获得者许海峰，他的成功就得益于强大的承受能力。

1983年，许海峰成为国家射击队的一员。第23届奥运会前夕，许海峰在墨西哥国际邀请赛上惨遭失败。但他没有气馁，而是冷静地思考，总结了这次比赛失利的原因。他想："时差反应、不利的天气、不合口味的饭菜等影响成绩的不利因素在我参加奥运会的时候肯定也会出现，我何不借此机会想出克服这些不利因素的办法呢？"于是，他根据自己的优缺点，认真地想了一些对策。

1984年7月29日是奥运会的第一天，许海峰参加的手枪慢射比赛将决出本届奥运会的第一枚金牌。刚开始，许海峰打得很轻松，打完第五组以后，他已经领先了。当他镇定自若地打最后一组的时候，赛场的气氛发生了巨大的变化。

本来围在前奥运会自选手枪慢射项目冠军旁边的记者们觉得许海峰能够获得金牌，于是纷纷走到他的身后为他拍照。说话声、脚步声和按快门的声音严重影响了许海峰的正常发挥，工作人员多次制止他们，可是收效甚微。在嘈杂声中，许海峰竟然连打了两个8环。这下许海峰着急了，心想："不管能不能拿到金牌，我一定要好好发挥，绝不让这最后的3枪变成终生的遗憾。"于是，他放下枪，找了一个离记者较远的座位坐下来。他一边闭目养神，一边回想李培林教练给他定下来的"八字方针"：冷静、自主、调整、协调。他觉得自己刚才没发挥好，就是因为嘈杂的环境扰乱了他平静的心情，进而直接导致了动作的协调性下降。

怎样才能让赛场恢复安静呢？许海峰想到了一个好办法。只见他走到靶位上，举起了枪，可是人们还没有听到枪响，他就把拿枪的手放下来了。第二次他举起枪又很快放下来，第三次、第四次还是这样。果然如他所料，大家都紧张得说不出话来，整个赛场终于安静了。许海峰很快进入了最佳状态，连打3枪以后，现场记录显示：一个9环，两个10环。历经周折，许海峰终于以566环的成绩，成为手枪慢射项目的冠军。中国人有了自己的奥运会射击金牌，这一"零"的突破被光荣地载入了史册！

虽然来自内心与外界的压力非常巨大，但许海峰承受住了，所以他抵达了成功的终点。

在我们的人生旅途上，阻力的出现是不可避免的。如果我们不能适应它，不能接受它的考验，它就会在我们的内心引发冲突，耗尽我们的精力，把我们变得虚弱不堪，使我们走向失败的终结点。每个人都希望能够驾驭自己的人生旅程，不想被任何力量牵制。如果是这样，那么我们就向橡胶轮胎学习吧，柔韧自己，承受颠簸，坚韧而勇敢地向着前方的目标迈进

从琐事中站起来

古希腊哲学家伯里克利在24个世纪之前曾说过："站起来吧！各位！我们在琐事上讨论得太久了。"的确如此，我们还是积习难改。

——摘自卡耐基《人性的优点·别因琐事烦恼》

生活中那些巨大的挑战或压力，很多人咬咬牙就挺过去了。可是面对身边的琐事时，许多人却因为过分在意和"较真"，反而搞得自己苦不堪言。

俗话说：蚂蚁吃大象。一只小蚂蚁虽然不可能吃掉一头大象，但当蚂蚁的数量是以成千上万来计算时，大象被吃掉的可能性就不是没有了。生活中的小事就如蚂蚁，当它们一件一件累积起来时，就有可能毁掉我们的生活。

过分在意琐事是很不明智的，它会给人们带来无穷的烦恼。比如，有一些人，对于别人说的话，他们喜欢句句琢磨，对别人的细微过错更是加倍抱怨，对自己的得失耿耿于怀，对于周围的一切都过于敏感，而且总是曲解和夸张外来信息。

其实，过分在意生活中的细微琐事，就是为自己的人生营造无形的监狱，那是十足的自寻烦恼。因为，过分在意细微琐事会生出许多小烦恼，天长日久，这些小烦恼有可能变成大烦恼，最终让自己的生活与快乐无缘！

有一个家庭主妇脾气有点暴躁，经常会为一些琐事跟丈夫急眼。有一次，有几个客人来他们家吃饭，分菜时，丈夫有些小事没有做好。大家都没在意，可是这位家庭主妇却马上当着大家的面跳起来指责丈夫："你是怎么搞的！难道你就永远也学不会分菜吗？"她又嘟囔着对大家说："老是一错再错，一点也不用心！”

事实上，这已经不是这位家庭主妇第一次因餐桌上的琐事对丈夫发脾气了，她经常因缺一个碟子或菜上多加了一些酱油而对丈夫大发雷霆。幸亏她的丈夫是个好脾气的人，要不然他们可能早就离婚了。尽管没有离婚，但很显然，这位家庭主妇的生活是与快乐无缘的，因为她总是为一些琐事动怒。

美国的一位资深法官，在仲裁过四万多件不愉快的婚姻案件之后说：“婚姻生活之所以不美满，最基本的原因往往都是因为一些细微琐事。”可见，过于纠缠于一些细微琐事，甚至已经威胁到了正常的家庭生活了啊！

在这一点上，美国总统罗斯福的夫人可以为我们当一个楷模。罗斯福夫人刚结婚时每天都在担心，因为她的新厨师做饭做得不是很令她满意，总能让她挑出一些毛病。可是当她发觉自己的这种过于纠缠琐事的心态已经影响到她的快乐生活后，她立刻就将它摒弃了。

人们之所以对细微琐事这么在意，很大程度上是因为他觉得别人也对这些琐事很在乎。事实上，情况并不是这样，就像下面的这个故事：

有一对夫妻邀请了几个朋友来共进晚餐。客人快到时，妻子突然发现有三条餐巾和桌布的颜色搭配得不是很好。原来，原先与桌布配套的三条餐巾被钟点工拿去洗了。客人已经到达门口了，妻子很着急，甚至都差一点哭出来了。

“这么装饰餐桌会让客人取笑的！”妻子郁郁地对丈夫说。

丈夫倒是个不拘小节的人，而且还挺有智慧。他开导妻子说：“别纠结这些小毛病了，这会毁了我们整个晚上的！”

妻子恍然大悟：是啊，为什么要让一个小瑕疵毁了一个愉快的晚上呢？我情愿让朋友们认为我是一个比较懒散的家庭主妇，也不愿意他们认为我是一个眼睛只盯着细孔看的小心眼女人。

于是，女主人轻松地领着客人们到餐桌就餐，大家都吃得很开心。后来，男主人有意地去问那些客人：有没有注意到餐桌布的颜色不搭配？他们回答说：根本没有，我只注意享受主人供给我们的美妙晚餐！

可见，是我们太纠缠于那些无关紧要的琐事了！

其实，生活中大多数的琐事都不值得去较真。在这点上，古代的智者们早已有了清醒而深刻的认识。早在两千多年前，古希腊哲学家伯里克利就向人们发出振聋发聩的警告：“站起来吧！各位！我们在琐事上讨论得太久了。”后来，法国作家莫鲁瓦更是深刻地指出：“我们常常为了一些应当迅速忘掉的微不足道的小事所干扰而失去理智，我们活在这个世界上只有几十个年头，然而我们却为纠缠无聊琐事而白白浪费了许多宝贵时光。”狄士雷里也说：“生命太短促了，不要再只顾琐事了。”

实际上，要想克服一些琐事引起的烦恼，只要把视角或者重点转移一下就可以了。

有一个作家，他过去在自己的公寓里写作的时候，常常被公寓里暖气管里的响水声吵得心烦意乱。只要一坐下来，似乎暖气管里就会发出难听的声音，让他忍无可忍。

后来，有一次他和几个朋友出去露营，当他听到木柴烧得噼里啪啦作响的声音时，他突然想道：这些声音和暖气管里的响声是何其相似啊，为什么我会喜欢这个声音而讨厌那个声音呢？在回来的路上，他告诫自己：火堆里木头的烧裂声让人觉得很好听，暖气管里的声音也差不多啊！我完全可以忽视，不去理会这些声音。结果，头几天他还能注意到暖气管里的声音，可不久他就完全忘记了。

生活就是这样，有些事情看上去似乎很重要，重要到必须给予关注，甚而必须给予解决，其实，只要我们不较真，它们只不过是一些微不足道的琐事罢了。我们关注琐事，结果却被琐事弄得很沮丧，这都是因为我们夸大了琐事的重要性啊！所以，从琐事中站起来吧，它不值得你过分关注！

享受非物质的奖励

告诉自己，只要对工作产生兴趣，就不会再有心思担忧！……就算没有物质上的奖励，你在工作中也能将烦恼一扫而光，那么你享受的就是无尽的快乐。

——摘自卡耐基《人性的优点·消除厌烦情绪》

任何一件事情，从事的时间长了，就容易出现厌烦情绪，不仅体力劳动如此，脑力劳动也是一样。作为学生，我们不得不一天到晚地学习，所以厌烦情绪更容易出现。

人们常说，兴趣是最好的老师。可是有了厌烦情绪的搅扰，我们对学习就很难再提起兴趣了。那么，有什么办法可以将我们对学习的兴趣“保鲜”呢？

有的人想到了物质奖励的方法，但这需要一定的物质条件作基础，不是每个人都适合。而且，影响物质奖励兑现的因素太多，如果物质奖励不能兑现，我们对学习的兴趣很可能一下子就“过期”了。所以，真正有效的兴趣“保鲜”方法，应该是使用非物质的奖励。

非物质的奖励，就是我们在做一件事情时所获得的愉快心情。只有明白我们所做事情的意义，我们才能够体会到这种愉快心情。著名妇产科医生林巧稚就是一个很好的例子。

1949年10月1日，开国大典，欢声笑语充满了整个天安门广场。离天安门广场不远的协和医院里，林巧稚静静地工作着。其实，当天她也收到了到天安门观礼的邀请。但在林巧稚的心中，病人永远是最重要的。这一点在她的从医生涯中从未变过。因此，那一天林巧稚听到了两种声音：新中国诞生时人们山呼海啸的欢呼声，和新生婴儿诞生时的啼哭声。1921年夏天，刚满20岁的林巧稚离开了家乡鼓浪屿，乘船来到上海，报考北京协和医学院。在中国传统社会里，女性作为男人的附属品而存在，即使到了20世纪初，职业女性仍然凤毛麟角。从小接受西式教育的林巧稚很早就确立了一个理想：怀着非凡的爱，做平凡的事。

7月的上海酷热难耐，考场上一位女生突然中暑晕倒，此时监考的男老师不方便施救，林巧稚二话没说，放下没有答完的考卷，离开考场去照顾病人。十多分钟后，当她回到考场，考试已经结束了，林巧稚最有把握的英语试题没能答完。这次考试全国只招收25名学生，录取率很低，女生要被录取就更难，没有答完题的林巧稚认为自己一定落榜了。

考完回来之后，她难过地对爸爸说："我可能考不进了。"爸爸告诉她："在人生考场上，你很优秀，你懂得关心人，懂得爱人，这样，你就算不进医学院，你也已经具备了当医生的条件。"爸爸的话给了林巧稚很大的安慰。

一个月后，林巧稚收到了协和医学院的录取通知书。她没有答完试卷，但仍然得了高分。毕业以后，林巧稚留在了协和，成为协和第一位毕业留院的中国医生。林巧稚从在协和做见习医生起，见到产妇疼痛，就会主动伸出双手抚慰产妇。有时候宫缩来了，产妇屏住气，会把林巧稚的手捏得青紫肿胀，而她一声不吭。当时，一位美国教授对此不以为然，有一次他居然对林巧稚说："林大夫，你难道以为为病人拉拉手、擦擦汗，就会成为妇产科的专家吗？"但是林大夫坚信这是一个医生、一个妇产科大夫最起码的，也是最重要的素质。林巧稚在产房里度过了50多个春秋，她亲手迎接了5万多条小生命来到人间，这个不曾做过母亲的伟大女性被人们尊称为"万婴之母"。

林巧稚能在妇产科医生的岗位上一待就是50多年，是因为她珍惜这份工作带来的非物质奖励，这个奖励就是看到新生命降临时的快乐和喜悦。

兴趣之于学习跟工作的作用其实是相通的，有兴趣，学习才会更努力，工作也才会更积极。所以，寻找学习的意义，享受学习过程带给我们的快乐，可以使我们的学习兴趣永远处在最新鲜的状态。

第3种积极心态：

扫除坏情绪，
收获好心情

用积极情绪战胜消极情绪

我们不可能激情飞扬地去做一些事情，又同时对这件事情充满忧虑而拖延下来，一种情绪一定会把另一种赶走。

——摘自卡耐基《人性的优点·用忙碌驱逐忧虑》

从小接受“做事要专心”的教导时，我们就听过“一心不能二用”这句话，只是我们可能不太清楚，在对待情绪的问题上，我们的心也是严格要求一对一的。即使偶尔会有“悲喜交集”的情况，那也只是一个过渡阶段，两者经过交锋，最后还是优胜劣汰，赢了的那种情绪才有资格掌控我们的心情，而输了的就会被排挤出去。

至于两种交战的情绪到底哪一边会赢，就要看我们的心意是站在哪一边了。一般来说，消极情绪就像邪魔外道，总是无孔不入，抓住一切机会想要攻占我们的心防，然后摧毁我们；然而积极情绪就好比正义的化身，它释放的是对我们身心有益的正能量，因而始终是我们的需要。先看看下面这个故事吧。

意外地，一队探险者没来得及赶在最后一次日落前离开，他们被留在了南极，留在了极夜。

虽说有足够的食物与生活必需品，可整整一个多月，这儿将只有黑夜，没有白昼。冰天雪地，生灵绝迹，与光明隔绝，能挨得过去吗？

寂寞与枯燥终于让他们难以忍受，他们觉得自己都快发疯了。

这时，真的就有一个人发疯了。他那抑郁的状态十分可怕，不吃不睡，整个人就像南极的冰原一样冰冷、死寂。

大家着急地围着他劝慰，你一言我一语。人群中忽然有人发现，只要有人对他讲话，他的症状就会缓解一些，要是有人讲起一个好听的故事，他的表情就明显地生动起来。于是，每人每天轮流为他讲故事。

为了帮助同伴摆脱困厄，每个人都调动了有生以来最大的想象力和创造力。那些故事非常精彩，而且总是异想天开，奇思妙想飞出了白云蓝天。接下来的事情就很容易想象了，在那么多美丽的故事的抚慰下，病人的症状没有恶化，他们终于相互搀扶着，熬过了漫漫极夜。

这个感人的故事是一名探险队员亲口讲述的。他就是那个病人。其实他没有病，他是一个急中生智的医生。当时他清楚地知道，若再不采取措施，大家的精神迟早都会崩溃的。所以，他率先“疯”了。他的“发疯”唤醒了同伴对抗极夜的积极情绪，最终才得以成功挽救了同伴们将要崩溃的情绪危机。

从这个故事可以看出，我们的内心与情绪之间的关系，像极了山与虎的关系：俗话说，“一山不容二虎”，当两只老虎要争夺一座山的统治权时，就要展开激烈的战斗；当两种情绪要争夺我们内心的控制权时，其战斗也是很激烈的。

当然，日常生活中，我们的内心并不经常上演这么激烈的情绪争斗战。大多数情况下，在积极情绪面前，消极情绪总是很快就会败下阵来，这应该就是人们常说的“邪不能胜正”的原因。下面这个小故事对我们也很有启示。

晓晓的成绩挂了红灯，不想回家。希望多多陪她到外面散散心。看着她难受的样子，多多也只好放弃自己的时间陪她了。

为了让晓晓高兴，多多一路上都在给她讲好听的笑话，可晓晓就是不笑，把多多都快憋哭了。

“晓晓，一次成绩说明不了什么问题，下次努努力就追上去了，有什么大不了的，没事啊。”多多安慰道。

晓晓什么也不辩驳，只是“嗯”了一声，就不再说什么了。

这时，她们同时看到不远处的桥上有个小孩在哭，似乎哭得很伤心，多多和晓晓赶快跑过去看。原来，这个小朋友把妈妈新买的塑料玩具弄到河里去了，他很着急，急得哇哇大哭。

“多多，你看，那个塑料玩具是漂在河面上的，可以捡得到。”晓晓的注意力被转移了，没有了刚才的死气沉沉。

“你我都不会游泳，怎么捡上来？”

“嗯，等等，让我想想。”晓晓观望了一下周围，“你看，那边有个老爷爷在钓鱼，我们可以借他的鱼竿，把玩具捡回来。”

还真是一个好主意。晓晓马上过去安慰小朋友：“你不要哭，我帮你把玩具捡上来吧。”

然后晓晓从河堤边顺着走下去，跑过去找那位老爷爷借渔竿，终于把玩具捞了上来。

“呵呵，给你。”晓晓笑着对那个小孩子说。

“谢谢姐姐。”看到小孩高兴的样子，多多和晓晓的心情都舒展了起来。

“多多，我的心情好点了。”

其实，多多比晓晓的心情还要好：其一，多多安慰了一个心情很难过的朋友；其二，她帮助了一个与自己素不相识的人。

帮助人是一个能令人感到心情愉快的事情，当这种愉快的心情占据我们的内心时，原本的那些抑郁、忧愁的情绪自然也就“退居二线”了。所以，当我们感到心情抑郁时，不妨尝试去做做好事吧。

“报复可以毁了你的健康”

报复可以毁了你的健康。“高血压患者最主要的人格特征是记仇。”《生活》杂志说，“长期的愤恨会造成慢性高血压，还会引起心血管疾病。”

——摘自卡耐基《人性的优点·不要对敌人心存报复》

追求健康是现代人的一个重要人生主题。为了保持健康，许多人都能严格要求自己，坚持做到营养饮食、合理作息、适当运动等。但是有一项要求人们往往容易忽略，那就是保持轻松愉快的心情。

很多人不能保持轻松愉快的心情，其原因在于习惯去记恨别人，经常想要报复别人。一个人抓着仇恨不放，就等于在自己心里装进千斤重担，是不会快乐起来的。

仇恨不仅会给人造成心理上的重负，它还会导致胃液分泌旺盛进而伤及胃肠，让人产生心火燃烧的痛苦感觉。此外，仇恨还可能使我们行为反常、烦躁易怒，最终变成一个十足的讨厌鬼。凯西的经历就是一个最好的例子。

凯西一生都痛恨她的父亲，而且她认为这种痛恨完全是正当的。据称，父亲抛弃了母亲、凯西和其他6个孩子。每当母亲怀孕时，父亲就失踪了，直到婴儿降临到世上，父亲才露面。而一旦他回到家，从前的痛苦经历就会重演，他让每一个孩子受尽打骂，有时甚至还用马鞭毒打母亲。母亲和孩子们对他怕得要命，谁也不知道他会在什么时候发脾气、打人。有时，凯西被吓得藏在床下或桌下。许多人都认为，凯西痛恨父亲完全是正当的。

然而，凯西的这种持久的愤怒给自己的生活和感情造成了很大的伤害。和父亲一样，凯西常常会因为一些小的差错而用鞭子抽人。她的行为使她丢掉了一份份工作，她和许多人相处得既紧张，又无趣。

她的痛恨与苦恼最终伤害了她的健康。她患上了头疼、胃病和关节炎。尽管医生为她的病尽了最大的努力，她仍然感染了许多疾病，体弱不堪。到了她25岁生日时，凯西的外表已像个中年妇女了。

凯西其实也知道，如果她学会了宽恕父亲，她的状况会好得多，因为当一个人放下仇恨，不再背着拒不宽恕的包袱时，他的心境就会重新获得宁静，他的精神就会得到解脱。然而要真正学会宽恕，并不像放下铁饼那么容易。为了卸下心灵上的包袱，凯西需要经历一段艰难的历程。凯西是怎么做的呢?

凯西是以这句话开始她的宽恕历程的：“我宽恕你这个该死的。”

最初，这样做很困难，凯西感到自己有些不诚实，因为她心目中一点也没有宽恕父亲。但她坚持了下来，口中的语言也变得缓和了。不久，她就不再说“你这个该死的”。当她了解到父亲对他们如此残暴是有原因的，她开始可怜他；最后，她对父亲有了真正的爱。

凯西宽恕了父亲之后，她也开始宽恕自己，爱自己。最终，她摆脱了身体的各种疾患，走向新的生活。通过这个经历，凯西还认识到，宽恕不仅使被宽恕者受益，而且，宽恕者自己亦受益匪浅。

放下仇恨并不容易，然而如果不能做到，背负仇恨的我们会比其他任何人承受更多的伤害。因此，为了健康轻松的生活，我们应该学会宽恕。

西奥多·凯勒·斯皮尔斯指出：“如何宽恕他人，这是我们需要学习的一种能力；我们不能将宽恕视作一种责任，或视作一种义务，而要把它当作类似于爱的体验，它应自发地到来。”

当我们在宽恕的道路上行走艰难时，可以借鉴凯西的经验：一开始借助“我宽恕……”这根拐棍，不要理会内心是否诚实；等到我们能够昂首阔步地在宽恕的大路上前进时，宽恕便成为了我们身体的一部分，“拐棍”就不再需要了。

与其仇恨敌人，不如超越自己

想真正宽恕和原谅我们的敌人，最有效的办法就是去做一些超出我们能力的重要的事情。

——摘自卡耐基《人性的优点·不要对敌人心存报复》

超越，不仅是要超越别人，也包括超越自己。在努力向那个高难度的目标奋进的时候，我们的心神会被所做的事情牵绊，无暇再去恨别人。在登上那个高难度的目标时，我们的眼界会变得开阔，心胸会得到增广，对那些在小圈子里蝇营狗苟、明争暗斗的人，我们不再把他们放在眼里，留在心上。如此，仇恨就不再存在于我们和他们之间。

巴赫被称为音乐界“不可超越的大师”。他出生于德国中部的一个小镇，9岁丧母，10岁丧父，15岁时，巴赫只身离家，走上了独立生活的道路。巴赫靠美妙的歌喉与出色的古钢琴、小提琴、管风琴演奏技艺，进入吕内堡的圣·米歇尔学校。学校的图书馆里藏有丰富的古典音乐作品，巴赫一头钻进去，像块巨大的海绵，全力汲取着欧洲各种流派的艺术。为了练琴，巴赫常常彻夜不眠，通宵达旦。

逐渐突出的才华，让巴赫像一块光彩照人的璞玉，惹来不少人的妒忌。虽然巴赫很优秀，却很少有上台的机会。

起初，巴赫觉得奇怪，以为是校长故意让他做一些幕后技术工作，直到有一次校庆演出时，巴赫才意识到，问题不是他想象得那么简单。那次，巴赫再次被安排做幕后技术工作，而才华远不如巴赫的笛斯诺参加了表演。

巴赫质问校长。校长告诉巴赫，因为每次表演前，都公开征求学生们的意见，有不少人反对他上台。巴赫知道，是才华招来了妒忌。之后，巴赫尽量收敛锋芒。

果然不久，巴赫得到了一次上台的机会。巴赫走上台，拉了一首小提琴曲，他投入的表演和悠扬的琴声，使他成为本场的佼佼者。但是，掌声并不热烈，许多人用妒忌的目光看着他。从那以后，巴赫又失去了上台的机会。

那年，是学校的音乐年会，每个班级都推荐10名学生参加钢琴“同一首曲”盛典活动。巴赫也报名了，但是，最后推荐名单出来后，并没有他。

巴赫知道，又是那些妒忌者在挤压他。巴赫心中如江河咆哮般愤怒，脸上却非常平静。巴赫装作毫不在乎的样子，照常打扫着舞台。第二天，笛斯诺来向巴赫请教，如何以复调音乐演奏《米歇尔之夜》。巴赫说：“不可能的。”笛斯诺说：“如果不能以复调音乐演奏，那么，谁也没有把握胜出，因为参加演奏的同学实力相当，又是同奏一曲，很难分出高下。”

笛斯诺走后，巴赫出了一身冷汗。因为，正如笛斯诺所说，如果大家都演奏《米歇尔之夜》，的确谁也没有把握胜出，除非谁能以复调音乐演奏。可是，即使是巴赫自己，也无法用复调音乐演奏这首曲子。但是，巴赫没有放弃，盛典前的一个月，巴赫每天晚上都在用心揣摩，终于成功地找到了复调音乐的指法。

盛典这天，巴赫来到台下的角落里坐着，平静地欣赏着台上的演出。那些荣幸的学生们，一个个上台了，他们的演出不时地得到了掌声。当最后一个人演奏完，评委开始打分。就在主持人要宣布比赛结果时，巴赫突然走上了舞台，在钢琴前坐了下来。接着，一缕琴音响起，礼堂里又响起了《米歇尔之夜》。但是，这次的琴音具有双重的韵味，浑厚中带着轻柔，重音如滚滚江河，轻音如白云缭绕，琴音之美妙，震撼了在场的所有人。

一曲奏完，几位被邀请为评委的音乐家走上台来纷纷和巴赫握手，并由衷地赞叹：“太完美了。”主持人当即宣布，本场盛典最荣耀的人是巴赫。

当主持人请巴赫发言时，巴赫手捂胸口，向台下弯着腰说：“感谢我的妒忌者们，是你们将我推上了成功的舞台。”

一个才华出众的人，有时会遭到对手的妒忌，甚至是排挤、孤立。与其愤怒咆哮，花费心思同他们争斗，不如为更高更远的目标而努力。一旦我们取得别人难以企及的成绩，自然能够得到大多数人的认同和赞赏。聪明人不会为眼前的小事烦恼，因为他有更远大的目标。

人与人之间，多一分退让，就少一分争执；多吃一分亏，就多积一分福；多超越一分，就多收获一分成就。

吃亏不是傻，让人不算歹，超越更是聪明之举。海纳百川，不但淡忘了百川的入侵，更扩展了自己的界限；地球接受阳光，不但淡忘了太阳的炙烤，更拥有了光明的世界。超越不仅能让我们淡忘仇恨，更能让我们跨越障碍，使人生浩瀚如汪洋，无边无际；精彩如晴空，有不灭的阳光永远在生命中微笑。

淡忘别人对自己的伤害，淡忘烦恼和仇恨，我们的心才宽阔、平静、高远和美丽。可以帮助我们达到这个目的的办法有很多，其中一个就是做一些富有挑战性的、超越别人同时也超越自己的事情。

99%的担心都不可能发生

我渐渐长大成年，我发现我所担心的事情中99%根本就不可能发生。

——摘自卡耐基《人性的优点·战胜忧虑的定律》

杞人忧天的故事我们很多人都听说过，可能不少人还把它当成了笑话，觉得那个杞人实在是笨得可以。然而我们不知道的是，我们有时候也像这个杞人一样，为一些不可知的事情而过度担心、忧虑。

李贝在考完最后一门科目，走出中考考场后，突然想起自己可能忘记在刚才考的试卷上填写学号。于是，紧张的他开始一遍又一遍地搜索自己的记忆："我写了吗？老师当堂提醒的时候我好像是在看后面一道几何题，忘写了……好像后来我写了吧……哎呀，好像我又接着做题了……哎，如果真的没写就惨了，那样的话就没成绩了，那我一直梦寐以求的高中也就没希望了……"

就这样，在从考场到家里的路上，李贝一直不停地回忆着。到最后，他便认定自己是忘记写学号了。于是在等待成绩出来的几天里，李贝的心情都非常压抑，谁来叫他去玩，他都不理。渐渐地，他的脾气也坏了起来，看到什么都觉得不顺，认为整个世界都在与自己作对。他似乎变成了一个小刺猬，给身边的家人和朋友带来了一定程度的伤害。

一周以后，中考成绩在网上公布了。在成绩公布的前一天晚上，李贝一直在床上辗转反侧，为自己的分数担忧，为自己的未来担忧。8点钟以后，不断有同学打来电话交流分数。听着别人或高兴或悲伤的声音，他更担心查自己的成绩了，后来索性将家里的电话线拔了出来。

中午妈妈下班回来，哼着小曲，并做了一顿丰盛的午餐。饭桌上，妈妈对愁眉苦脸的李贝说："你真棒，这下重点高中肯定没问题了！"一脸疑惑的李贝忙问妈妈是怎么回事。妈妈便告诉他，上班的时候她在自己的电脑上输入了李贝的姓名和学号，查到了他的成绩。这个成绩比重点高中的分数线多了8分，按照往年录取的情况，李贝上重点高中应该是没有问题了。

听到妈妈的消息，李贝突然放松了下来，也露出了这些天来的第一个笑脸。"哦，原来自己当时写下了学号啊！"他心里暗暗说道。

哈佛大学中国政治学教授裴宜理常和她的学生说："自己招来的忧伤是最大的忧伤。"李贝自己招来的忧虑不但吞噬掉了他一周的好心情，还给身边关心他的人造成了很大的压力。而到最后，他担心的事情却并没有发生。

事实上，不管我们遇到什么事情，面对什么样的困难，它的发展都只有两种可能。一种是事情并不像我们所想的那么糟，还有可以挽回的余地，只要我们采取积极正确的态度，事情就能顺着我们所想的方向发展。如果是这样，我们就没有什么可忧虑的了。另一种可能是事情的确超出了我们能力的掌控范围，造成了一个比较糟糕的结果，可是如果我们能够乐观一些，坚强一些，我们会发现自己并不是想象的那么脆弱，自己其实能经受住挫折与艰难的打击。既然如此，我们又何须忧虑呢？

所以说，很多让我们忧虑的事情其实是不可怕的，它们之所以折磨我们，是因为我们过度放大了它们。而事实更是告诉我们，99%的忧虑在实际上都没有发生，我们很多时候也像忧天的杞人那样，做着完全没有必要的"傻"事。所以，敞开胸怀，跳出忧虑吧！如果能够这样，我们会发现有非常广阔的一片天空，在等待我们的心灵去自由飞翔。

除了自己，没人能侮辱和干扰你

没有人能侮辱或干扰我们，除非我们自己允许他们这样做。

——摘自卡耐基《人性的优点·不要对敌人心存报复》

生活中，我们不难看到这样的画面：一个同学上课时回答不出老师的提问，下课后碰巧听到同班同学说了一句“真笨”，就认定对方是在嘲笑自己，觉得自尊心受到了伤害；一个同学碰到一道很难的数学题，问了几个同学都说他不可能做得出来，于是他就沮丧地把题目塞回书桌底下。

其实，一句“真笨”和几个同学的断言，真的没有那么大的威力，足以羞辱一个人的自尊心，打击一个人的进取心。这两个同学之所以受伤和退却，是因为他们没有防护好自己的心，任由别人来攻打和伤害。

每个人的内心其实都是一座堡垒，防卫得当的话，可以“一夫当关，万夫莫开”，轻松抵挡外界的侵害和干扰；但如果动不动就学诸葛孔明的“空城计”，敞开大门等待敌人，那么“城池”失陷的悲剧就会时常发生。

刘辉念大学时，曾经因为一件小事得罪了系主任。系主任是一个留德学者，向来以严格要求、不苟言笑闻名，他下手“刷”人，从不手软，系上许多学长上他的课，都曾经遭到重修的悲惨命运，有时候甚至三修都不一定能够过关。更糟糕的是，他在系上所开的课，都是独家而且必修的。

当时系上便有许多传言，说系主任已经决定“刷”掉刘辉，不管刘辉的成绩如何，都不会让他过关。很多同学，甚至学长、学弟都对他的前景非常关切，那段日子里，刘辉每天几乎都是从噩梦中惊醒，然后再也无法入眠。

虽然，系主任用的三本教材，在醒着的时候，刘辉已经读得滚瓜烂熟，但是只要入睡，就会噩梦连连而无法安眠。一直到学期结束，刘辉的该科成绩，在全班名列前茅，刘辉才知道一切传言，都只不过是谣言罢了，“担心”的日子从此结束，他终于重新睡上安稳觉了。

谣言就像没有瞄准的枪，本来是毫无准头的，但刘辉却也像惊弓之鸟，慌不择路地乱窜，结果自己撞上别人的枪口，白白遭受一个学期的痛苦。生活中的许多侮辱和干扰都是这样，本来不能伤害我们，但我们却主动送上门去任人宰割。

与心不设防的刘辉相比，伯纳·柏鲁克绝对称得上是最英勇的心灵守卫者。

伯纳·柏鲁克曾任美国六任总统威尔逊、哈定、柯立芝、胡佛、罗斯福以及杜鲁门的顾问，当他被问到会不会因为遭受政敌攻击而感到困扰时，他说：“没有人能侮辱或干扰我，我不允许他们这么做。”

对于一个人的内心城堡来说，政敌的攻击堪比大规模的攻城战，绝对是目的明确而且威力强大的。伯纳·柏鲁克能够丝毫不受此影响，是因为他坚信自己的“城防”能够抵挡得住这样的进攻，而且他也有“敌军围困万千重，我自岿然不动”的气魄，面对危险也毫不畏惧。

也许我们会困惑：自己没有伯纳·柏鲁克那样的将帅之才，也能守卫得了自己的内心而不被攻陷吗？事实证明是绝对可以的，条件是要有足够的自信、执着和忍耐力。

玛莉出生在一个兄弟姐妹众多的大家庭中。她从小就非常渴望能够得到父母的赞扬和鼓励，每做一件事都严格要求自己，想把事情做到完美无缺，以此来博得父母的赞美和鼓励。但是由于兄弟姐妹多，父母根本就顾不上她。久而久之，她变得缺少自信。

后来，玛莉长大了，嫁给一个非常成功的高级管理人员，婚姻美满幸福，可是一直伴随她的坏习惯——缺乏自信仍然跟随着她。唯一使她能相信自己是个有用之人的，就是在厨房里烤制面包的时候。

但玛莉想成为一个信心充足且受大家尊重的人，为了改变自己的缺点，她鼓起勇气从家务中走了出来，决定去承担具有失败风险的羞辱。

她决定进入烹饪行业。她对她的父母以及她的丈夫说：“我想去开一家餐馆，因为我每次做的饭菜都非常受你们的欢迎，你们不是也经常夸奖我，说我的烹饪手艺有多么了不起吗？”

听了玛莉的话，大家感到很震惊：“这个主意你是怎么想出来的，它简直荒唐到了极点。这事太难了，快别胡思乱想了。”

家人的劝阻并没有对玛莉起到多大的作用，她依然坚定自己的信念，决定按自己的想法去做。

餐馆正式开张了，可是竟然没有一个顾客。这样的打击对玛莉来说是十分巨大的。她好不容易决定冒了一次险，而这一次冒险看起来要将她彻底击败。她开始怀疑自己的决定，认为丈夫和父母的说法是对的。

但是人就是这样，当你已经尝试了第一次冒险的滋味后，以后再去面对风险就没那么恐惧了。玛莉最终没有被眼前的困难击败，她决定继续走下去。她一反平时胆怯羞涩没有自信的窘态，亲自做了几道菜，将它们摆在路旁的餐桌上，请每一个过往的行人品尝她的手艺，所有尝过她的菜的人都夸赞她手艺高超。从此，她的小餐馆经营得有声有色，不久就开了几家连锁店。

在最终结果出来之前，坚守住自己的决定，不管外界怎样打击，都不为所动，如此多锻炼几次，那么我们内心的城防就能锻造得刀枪不入。以后再面对“外敌”来犯，就可以无畏无惧了。

别让过去成为包袱

我们也不该笨到去为改变无法更改的事实忧虑，我们不能回到过去，更无法改变历史，就算是3分钟以前发生的事情，也已经成为无法更改的历史。

——摘自卡耐基《人性的优点·不要再去锯已被锯碎的木屑》

有人说，生活就是一次徒步旅行，要轻装上路，才能既欣赏到身边的美景，又能一个目标接一个目标地走得更远。可是，生活中却有一种人，总喜欢回顾昨天，他们把曾经发生的事情，不管是高兴的还是难过的，也不管是有用的还是没用的，都塞在随身携带的袋子里背着前行。他们背着这样一个沉重的袋子，既无暇看风景，又无力追赶走得快的同伴，结果就会越来越慢，越来越落后，最终掉了队。

其实，每一个爱惜自己的人都懂得，当随身的行李成为负担时，就应该对它进行清理和精简。那些一眼看上去就是无用的，或者是看上去有用实则没多大用处的东西，应该果断地扔掉。而那些有用但并不是必需的东西，为了减轻负重，我们也应该勇敢地丢弃。所以，在我们人生之旅的行囊里，除了必要的经验和教训，那些对过往的追悔等负面情绪都是无用的，应该果断地丢弃。

淑娟是某校一位普通的学生，她曾经沉浸在考入重点大学的喜悦中，但好景不长，大一开学才两个月，她就对自己失去了信心，她连续两次与同学闹别扭，功课也不能令她满意，她对自己失望透了。

她自认为是一个坚强的女孩，很少有被吓倒的时候，但她没想到大学开学才两个月，自己就对大学4年的生活失去了信心。她曾经安慰过自己，也无数次试着让自己抱以希望，但换来的却只是一次又一次的失望。

以前在中学时，几乎所有老师跟她的关系都很好，很喜欢她，她的学习状态也很好，学什么会什么，身边还有一群朋友，那时她感觉自己像个明星似的。但是进入大学后，一切都变了，人与人的隔阂是那样的明显，自己的学习成绩又如此糟糕。现在的她很无助，她常常想："我并未比别人少付出，并未比别人少努力，为什么别人能做到的，我却不能呢？"

进入一个新的环境，曾经的成功或失败就都成为了过去式，是应该淡忘了的。如果还像淑娟这样，对往事念念不忘，那么过去就会成为沉重的包袱，它会干扰我们新的生活。一个人，如果总是因为昨天错过今天，那么在不远的将来，他又会为今天的错过而懊悔。在这样的恶性循环中，这个人就永远是一个迟到的人。所以，我们应该丢开过往，尽情享受现在。

卓根·朱达是哥本哈根大学的学生。有一年暑假，他去当导游，因为他总是高高兴兴地做了许多额外的服务，因此几个芝加哥来的游客就邀请他去美国观光。旅行路线包括在前往芝加哥之前，到华盛顿特区做一天的游览。

卓根抵达华盛顿以后就住进威乐饭店，他在那里的账单已经预付过了。他这时真是乐不可支，外套口袋里放着飞往芝加哥的机票，裤袋里则装着护照和钱。所有的一切都很顺利，然而，这个青年突然遇到晴天霹雳。

当他准备就寝时，才发现由于自己的粗心大意，放在口袋里的皮夹不翼而飞。他立刻跑到柜台那里。

"我们会尽量想办法。"柜台经理说。

第二天早上，皮夹仍然找不到。此时，卓根的零用钱连两块钱都不到。

因为一时的粗心马虎，让自己孤零零一个人待在异国他乡！应该怎么办呢？他越想越是生气，越想越是懊恼。

这样折腾了一夜之后，他突然对自己说："不行，我不能再这样一直沉浸在悔恨当中了，我要好好看看华盛顿，说不定我以后没有机会再来，好在今天晚上还有机票到芝加哥去，一定有时间解决护照和钱的问题。"

"我跟以前的我还是同一个人，那时我很快乐，现在也应该快乐呀。我不能因为自己犯了一点错误就在这白白地浪费时间，现在正是享受的好时候。”

于是他立刻动身，徒步参观了白宫和国会山，并且参观了几座大博物馆，还爬到华盛顿纪念馆的顶端。他去不成原先想去的阿灵顿和许多别的地方，但他能看到的，他都看得很仔细。后来，他的护照和钱的问题都解决了。

等他回到丹麦以后，这趟美国之旅最使他怀念的是在华盛顿漫步的那一天——如果他一直抓住过去的错误不放，那么这宝贵的一天就会白白溜走。

如果我们是卓根，想必会为自己粗心大意弄丢钱包而懊恼终日。可是，拿过去犯下的错误抱怨自己，我们得到的结果只是在自己的行囊里多添加一件名为懊悔的行李，除了负重，我们别无他获。何不让我们都像卓根那样，不为懊悔所束缚，不被昨天的错误绊住双脚，尽情地在今天的旅程里前行。

“不去生气的人才是智者”

有一句老话说得好：不能生气的人是傻瓜，不去生气的人才是智者。

——摘自卡耐基《人性的优点·不要对敌人心存报复》

俗话说：不平则鸣。生活中，遇到不合心意的事情，我们就会生气、发怒，这是再正常不过的了。可是，如果我们想追求有品质的生活，想让自己的每一天都充满愉悦，而不是为了一些没有价值的事情而虚度的话，那么学会控制自己的情绪，学会不去生气，无疑就是明智之举了。

为什么这么说？让我们来数一数不该生气的几点理由吧。

首先，生气会损害我们的健康。据研究，人在震怒之时，大脑神经高度紧张，肝气横逆，气促胸闷。经常发怒的人，必然影响肝脾，易患肝炎、肝癌。暴怒还可导致吐血、腹泻、昏厥、突然失明或耳聋。爱发怒的人患心脏病和死亡的概率，比少发怒的人要高5倍。清代医学家林佩琴在他所撰的《类证治裁》里指出，因怒气伤肝而发生的疾病就有30多种。生气会对我们的健康带来这么多损害，爱惜身体的我们当然应该尽量远离它。

其次，生气会损害我们的人际关系。生气就像一把刀，每出现一次，就是在我们和朋友的关系上划上一刀。尽管这一刀的力度有深有浅，但再浅的伤口也会留下疤痕，累积起来就会成为骇人的画面。

有一个男孩，很任性，常常对别人乱发脾气。一天，他的父亲给了他一袋钉子，并告诉他：“你每次发脾气的时候，就钉一根钉子在墙上。”第一天，这个男孩发了37次脾气，所以他钉下了37根钉子。慢慢的男孩发现控制自己的脾气比钉下钉子要容易些，所以他每天发脾气的次数就一点点减少了。终于有一天，这个男孩能够控制自己的情绪，不再乱发脾气了。父亲又告诉他："从现在开始，每次你忍住不发脾气的时候，就拔出一根钉子。"过了很多天，男孩终于把所有的钉子都拔出来了。

父亲拉着他的手，来到墙边，说："孩子，你做得很好。但是现在看看这布满小洞的白墙吧，它再也不能回到从前的样子了。你生气时说的伤害人的话，也会像钉子一样在别人心中留下伤口，不管你事后说多少遍对不起，那些伤疤都将永远存在。"

再次，生气可能会引发悲剧。一个人在极度生气的时候，容易失去理智，失去对自己言行的控制，在这种情况下，就容易做出令自己后悔莫及的事情。

有这样一个真实的故事：

有一个男人，他的妻子在生小孩时因难产过世了。幸好，他家有条聪明能干的狗，自然而然地担负起照看婴儿的重任。有一天，男人有事外出，很晚才回来。狗知道主人回来了，欢快地出来迎接。可是男人看到狗嘴里都是血，一种不祥的预感顿时涌上心头，心想是不是这狗由于饥饿，兽性发作把孩子给吃了。于是他连忙赶到床边一看，没人，只看到一堆血迹。男人在狂怒之下，拿起棍子便将这条狗活活打死了。谁知就在这时候，孩子哭着从床底下爬了出来。男人这才知道自己错怪了狗，四下查看，发现不远处躺着一条狼，已被活活咬死，再看那条狗，后腿已被严重抓伤。原来在男人外出的时候，有条狼溜了进来想偷吃孩子，狗勇敢地冲上去与狼搏斗，最终保住了孩子的生命。男人知道真相后，号啕大哭，悔恨不已，可是一切已经无法挽回。

我们每个人都希望拥有健康的身体，希望跟朋友建立良好的关系，不希望做出令自己后悔莫及的事情，为此我们就应该学习做个不生气的智者。可是，我们有那么容易做到不生气吗？这个目标看似难以达到，其实要实现并不难。如果我们每次生气的时候都能像爱地巴这样想一想，那么生气的理由就很快不存在了。

爱地巴是古代藏族的一个智者，他每次生气和人起争执的时候，就以很快的速度跑回家去，绕着自己的房子和土地跑3圈，然后坐在田地边喘气。爱地巴工作非常勤劳努力，他的房子越来越大，土地也越来越广，但不管房地有多大，只要与人争论生气，他还是会绕着房子和土地绕3圈。

为什么他要这么做呢？所有认识他的人，心里都起疑惑，但是不管怎么问他，爱地巴都不愿意说明。直到有一天，爱地巴很老了，他的房地也已经很广大，他生气了，就拄着拐杖艰难地绕着土地跟房子，等他好不容易走3圈，太阳都下山了，爱地巴独自坐在田边喘气，他的孙子在身边恳求他："阿公，你已经年纪大了，这附近地区的人也没有人的土地比你更大，您不能再像从前，一生气就绕着土地跑啊！您可不可以告诉我这个秘密，为什么您一生气就要绕着土地跑上3圈？"

爱地巴禁不起孙子的恳求，终于说出隐藏在心中多年的秘密，他说："年轻时，我一和人吵架、争论、生气，就绕着房地跑3圈，边跑边想，我的房子这么小，土地这么小，我哪有时间、哪有资格去跟人家生气，一想到这里，气就消了，于是就把所有时间用来努力工作。"

孙子听后又问道："阿公，你年纪老了，又变成最富有的人，为什么还要绕着房地跑？"

爱地巴笑着说："我现在还是会生气，生气时绕着房地走3圈，边走边想，我的房子这么大，土地这么多，我又何必跟人计较？一想到这，气就消了。"

在生活中，生气的事情虽然难以避免，但生气有害无益。为了我们的生活不被生气带来的后果扰乱，我们就应该有意识地去控制它，尽量做个不生气的智者。

烦恼像数学题，理清关系才有解

实际上，单是把查清的事实和面临的问题明明白白地写在纸上，就对我们做出一个合理的决定大有裨益。正如发明家查尔斯·凯特林所说的："把问题陈述得条理清楚，问题就已经解决了一半。"

——摘自卡耐基《人性的优点·如何分析并从忧虑中解脱》

不管是在影视作品里，还是在现实生活中，我们经常能看到这样的现象：一个人总在抱怨自己很烦，可是问他究竟在烦什么，他又不肯说，逼急了，他还可能吼人："我自己都搞不清楚烦什么，怎么告诉你啊！"

是不是很奇怪，烦恼的人却不知道自己在烦恼什么？不要笑话别人，这样的情况我们自己也很可能会碰上。因为这的确是一种普遍的现象，一个人为了某件事情烦恼，于是躁动不安，找不到一个好的解决办法，就干脆不去想，但因为事情还没有解决，烦恼依然存在。越是烦恼越不愿去想，越是不想却越烦恼，到最后就连自己究竟是为哪件事情而烦恼，还是为自己的烦恼而烦恼，都已经分不清了。

一遇到烦恼，我们很多人的第一反应往往是害怕和讨厌。因为失去了平静的心态，我们就会觉得烦恼特别复杂。但事实上，烦恼其实是很简单的。烦恼就像我们的数学题，不管题目里给出多少条件，也不管这些已知条件多么错综复杂，其关系搞得我们头都大了，但问题始终都只有一个，而结果也只有一个。要解出这道数学题，光靠头脑去想是很难辨清各个条件之间的关系的，这时我们不妨动动笔，把需要用到的条件都一一列出来，逐个逐个地分析，看它们相互间存在着什么样的关系。等我们把所有明里暗里的关系都摸清楚了，答案其实也就呼之欲出了。

所以，回顾我们被烦恼困扰的经历，我们会发现，其实只要增加一个步骤，把烦恼的事情逐条逐项地写下来，写清楚，我们就已经把问题解决了一半。

把烦恼详细写下来，是为了让我们对自己面临的问题有一个直观的了解，而且可以随时回顾，跳跃地对比。如果有其他方法可以达到这个效果，我们也不一定非得动用笔头。比如向老师诉说，老师有能力帮我们抓出重要条件，理清复杂的关系，整理出整个问题的脉络。当然前提是我们要能够对老师坦诚，不要有所隐瞒，要知道一个题目里如果失去了一个关键条件，往往就会导致无解。来看看下面这个故事吧。

最近乐安心浮气躁，做什么都毛毛躁躁，总是安定不下来。本来学习压力就大，现在又被自己的状态弄得一团糟。他也不知道最近自己是怎么回事，做什么都是三分钟的热情，好多事情都半途而废。不光是学习方面，以前一直坚持的游泳，现在也坚持不下去了。每周去孤儿院做志愿者的事情也被一些琐碎的小事耽误下来。

语文老师每周是要查周记的。看了乐安的周记，语文老师崔老师给了他如下的评语："最近在周记里表现出了浮躁的情绪，望能克服，迅速回归到正常的状态。"

乐安实在不知道怎么才能回到正常的状态，于是在一个语文自习课的时候，把老师请到了外面，跟老师讨论自己的浮躁状态。他先向老师汇报了自己的基本情况，就是考试在即，他担心自己能不能进步，上次考试就不理想的他现在是求胜心切；还有就是爸妈在跟他讨论让他毕业出国的事情，让他的心里很是烦乱。

语文老师大致了解了乐安的状况之后，说："那么考试在即，你对复习有计划吗？"

乐安摇摇头，说："我就觉得时间不够用，一会儿看语文，又觉得数学没复习呢，赶紧又去做数学题，等做数学题的时候，又想起来物理作业要交，又甩下数学题去做物理作业，一会又想起来什么，又打断了学习去做别的什么。整个人就跟没头苍蝇一样乱转。每天都觉得很疲惫，但是却没有收获。”

老师点点头，表示理解他的境况。他迫切地希望老师能够给他一个明确的解决方法。

老师笑着说：“这很简单，你把你现在的目标写出来，然后制定一个达到目标的步骤和计划。别这么眉毛胡子一把抓了。再这么浮躁下去，你会更焦急。”

乐安听从了老师的建议，从定下心复习一个科目开始，逐渐地理清了学习的思路，很快他就从烦恼中解脱出来。

乐安被困在浮躁的情绪里无法摆脱，当他向老师汇报了详细的情况后，经过老师的点拨，他便找到了解决问题的思路。其实，任何的问题烦恼，其解决的思路都已经隐藏在问题之中，我们只要顺着脉络细细寻找，便能发现最终的答案。

别让小事毁了好心情

我们一般都很勇敢地面对生活中那些大的灾难，却常常被一些小事搞得垂头丧气。

——摘自卡耐基《人性的优点·别因琐事烦恼》

卡耐基认为，要走出忧虑和烦恼的困扰，很重要的一点是要从小事中解脱出来，别让小事毁了好心情，甚至是整个生活。

确实，生活中的小事虽小，但往往繁多，如果我们太在意它们，就很容易把大部分精力都消耗掉。而且，对小事太过在意，会把本来无足轻重的问题扩大化，最终酿成严重的后果。

著名作家吉布林娶了维尔蒙的一个名叫卡罗琳·巴里斯特的女子为妻，他们在布拉陀布拥有一所漂亮的房子，安居乐业，日子过得非常幸福。很快，卡罗琳的弟弟比提·巴里斯特成了吉布林最好的朋友，他们俩一起工作，一起游玩。

后来，吉布林从巴里斯特手里买了一块地，并达成契约：巴里斯特可以每季在那块地上收割牧草。但没多久，巴里斯特就发现吉布林要在那片草地上建一座花园，他顿时怒火中烧，暴跳如雷。吉布林也反唇相讥，毫不示弱，整个维尔蒙被他们搞得昏天黑地。

几天后，吉布林骑自行车出去游玩。巴里斯特驾着一辆马车横穿马路，不小心把吉布林撞到。已经失去自控能力的吉布林公然将自己的妻弟告到了法庭。接着便是一场轰动全国的官司，各大城市报纸的记者蜂拥而至，消息很快传遍了全世界。事情最终不了了之，吉布林携着妻子离开了他在布拉陀布的家。

要知道，吉布林曾经写下过“众人皆醉我独醒”的人生格言来提醒自己，而仅仅因为一件小事，他就和朋友反目，携妻子被迫永远离开了他们的家。

其实，朋友之间相处都难免会有摩擦，如果把这些摩擦当作小事去处理，互相体谅容忍一些，也就小事化无了。可是如果我们像吉布林和他的妻弟那样，为了一点儿小事就不顾亲情不顾友情，那结果就很可能是毁了自己的生活。因此，我们应该学会大度一些，不要抓着生活中的小事不放。

从琐事中站起来，越过它们的遮挡，我们很可能会看到不一样的风景。这就好比我们看蜜蜂，若能忘掉它们会蜇人的小问题，才能记住它们还会酿制蜂蜜的本事，才会感谢它们为世界所作的贡献。

下面的这个故事也是一个很好的启示。

燕燕坐在自己的座位上，老师从燕燕旁边经过，然后说出一句："燕燕，看看你的椅子下面都是垃圾，下次如果再不收拾的话我要罚你做卫生啦。"

燕燕觉得奇怪，早上刚刚打扫过呀。

燕燕低下头朝椅子下面一看：天哪，居然还有吃完的酸奶盒，这些垃圾根本就不是自己的啊。一定是坐在她后面的那位同学用脚踢过来的！

燕燕不禁皱皱眉头，心想：好啊，居然还有这样的同学。

"这是你的垃圾吗？"燕燕把酸奶盒从下面捡起来，放到后面同学的书桌上。没想到她却很好意思地对燕燕说："不是我的。"

"真不要脸。"燕燕心里想，算了，反正自己也已经挨批评了，也只好先吃了这个哑巴亏。不过，下次燕燕绝对不替人背黑锅。

又过了一段时间，老师从燕燕这里经过，用手指头点点她的桌子，说了句："椅子下面。"

燕燕低下头一看，天啊，怎么又有垃圾了？这下燕燕可真的恼了，当着老师的面就开始指责坐在她后面的同学："老师，是她的垃圾，她用脚踢过来的。这种酸奶我根本就没有喝。"

燕燕后面的同学很镇定地从书桌里掏出她的小半箱酸奶："老师，那样的酸奶我不喝的，所以那个酸奶盒不是我丢的。"

"这……"燕燕心里也很委屈，因为这些垃圾，她确实不知道是怎么回事，真的不是自己弄的啊。

燕燕确实是冤枉的，她后面的同学也不是“作案”的人，真正“作案”的人另有其人。这个人是个男生，他并不坐在燕燕的正后方，而是坐在燕燕的斜后方。他喜欢把垃圾踢到别的地方，只是怕被怀疑，所以踢到旁边去了。

这件事情很快就被老师发现了，她严厉地批评了那位同学，还罚他整个学期都代替燕燕值日。

“老师，这就不用了。该是我的值日，就让我来做就行，只要他以后不乱扔东西就好。”

从那之后，燕燕的椅子下面再也没有垃圾了。

燕燕虽然遭了斜后方同学的“陷害”，被老师误会了，但她并没有因为这样的小事就耽误了自己要做的大事——维护同学间的友好关系，帮助同学改正错误。有人说，生活就是由小事构成的，所以对于小事，我们要认真对待。这句话虽然不错，可是“认真”的要求不应该是过分计较，而应该是找到最合适的处理方法。让所有矛盾和争端“大事化小，小事化了”，正是最合适的处理方法。

莫使心胸比酸苹果还小

如果我们这么卑鄙而自私，不从别人身上得到什么，就不愿意给予别人一点快乐或是真诚的赞许——假如我们的心胸比一个酸苹果还小，我们理应遭受失败。

————摘自卡耐基《人性的弱点·如何让人们立刻喜欢上你》

我们的心脏虽然只有拳头大小，但我们的心胸却不应该只有拳头那么小。因为卡耐基曾经提醒过我们："假如我们的心胸比一个酸苹果还小，我们理应遭受失败。"心胸狭窄的人，会让自己的道路越走越窄，最后陷入无路可走的困境。

有一家人要做一扇门，请了同村的一个木匠。在农村，做大门是一个不小的工程，成本很大——不仅用料多，而且要用好料，松木为上乘，一般的杨木不行，容易烂。这家人请来的木匠很年轻，活儿做得很出色，十来岁就跟着他爹拉锯，那时已能独立门户了。

这个小木匠干活肯出力，这天照样忙了半个上午没歇。这时，却突然来了一个朋友探望他。这个朋友也是个年轻人，好多年没见面，从老远而来，两人见了都说不出地高兴。但这位小木匠是个不耽误工作的人，一边与朋友谈笑风生，手里的活儿却不停下，而且受这个朋友到来的鼓舞，活儿做得更卖力。这个小木匠还有一个心计，他想加倍卖力，讨这家女主人的好感，因为快要到吃午饭的时间了，他想借这家女主人的灶招待这位远道而来的朋友。他在自己加倍工作的同时，招呼这位朋友给他帮忙递料。小木匠干得满脸是汗，但非常高兴，就是因为朋友来了。可是，时间一点点地过去，早已过了午饭时间，女主人却迟迟不肯上饭。他的这位朋友是一个明白人，提出告别。他便竭力挽留，有意让女主人听见，希望女主人出来挽留。但是，女主人就是听不见，直至这位朋友走了，女主人好像还是没听见。

小木匠送走朋友后，一下子像泄了气的皮球，觉得无味。他忽然起了坏心，拿起锯来，把新做好的一扇大门的“门枢”给锯掉了。这个门枢是大门的重要机关，也是用料最贵的地方。当女主人端上饭来的时候，傻眼了。小木匠向女主人解释：“对不起，我算错账了，把门枢锯掉了。”女主人哑口无言。

生活有时候需要一点人情作纽带：女主人不愿为此支付必需的成本，她就必须要付出更大的代价；而小木匠也因此损失惨重——丢了一个好名声。

生活中，我们会对别人有所期待，希望对方给予我们的付出以相应的回报，这是很正常的。可是回报不是必然的，我们不应该因为自己的期待落空就对别人心生怨恨。我们应该让自己的心胸宽广些，包容别人的狭窄，不求回报地把快乐送给他人。如果我们能坚持这样做的话，生活会以另一种方式来回报我们的宽厚。

10岁的时候，他和父亲推着板车去镇上卖西瓜。西瓜刚推到镇上，还没有卖出，天空中霎时就阴云密布，要下雨了，过往的人们纷纷往回赶，再也没人来买西瓜了。他沮丧得很，西瓜卖不出去了，还要推回去。

这时，父亲说：“我们可以把瓜免费送人。”于是父亲带着他来到沿街的门市，拿西瓜免费送人，人们纷纷用诧异的目光看着他。父亲说：“要下雨了，西瓜不好卖，分给大家吃啦。”有人说：“那你不是亏了吗？我拿钱给你。”

父亲摆摆手说：“不用了，西瓜送给你们，我还赚个轻松，要是留着，推回去，明天不新鲜，又不好卖了。”

那天，他们一无所获地回去了。可是后来，他们再来镇上，西瓜总是第一个卖完。因为他们那次送人家西瓜，人家记着他们的好。也因为父亲的话，大家也都相信他们的西瓜最新鲜。

多年之后，他拥有了一家食品公司，他牢牢记得父亲当年卖西瓜的事。

金融危机爆发了，经济形势十分严峻，他的工厂也被迫停产了，产品积压在仓库里卖不出去。他召集工人们开会，说："现在工厂停产了，我把工资都结给你们，另外每个人都可以挑上自己喜欢的食品带回家。"

那些食品平日多是出口的，价格不菲。工人们乐得不行，大包小包地挑着带回家。工人们带走的毕竟是少数，他又免费把自己的食品送给附近的居民，送给有业务没业务往来的多个商店和超市。

后来，金融危机过去，市场复苏了，而他的公司订单更是出奇的多。当时好多工厂都遭遇用工荒，招不到人。而他的公司，工人们蜂拥着前来报名，有老工人，也有慕名而来的新工人。因为他的免费赠送，让更多的人知道了他和他的公司。他立即投入生产，并扩大生产规模……

心胸宽大，我们看到的世界也会更加宽广，这样，我们就不会以为天下只有我们和身边的几个人，不从他们身上得到回报就认为吃亏；也不会以为时间只剩下现在，不在此刻得到回报就等于付出的努力泡汤了。

心胸宽大，我们就会看通透：生活是一座宝山，我们每个人都是与生活做交易的人，心胸就是我们用来装东西的袋子，袋子越大，我们能给予生活的就越多，能够从生活中装走的也就越多。

为情绪压力定下一个“止损点”

我真希望我能早几年就有这种观念，锻炼我的耐心和性情，为我的急躁脾气、我的懊悔，以及所有情绪压力定下一个“止损点”。

——摘自卡耐基《人性的优点·给忧虑设定“止损点”》

“止损点”是股票行业的一个术语，是一个人为自己设定的，能够承受的最大损失的底线。其实不仅搞投资的人需要为自己设定“止损点”，我们每个人都有需要为自己设定止损点，一个情绪方面的“止损点”。

在现代生活里，“精神崩溃”“歇斯底里”“纠结”“抑郁”等表示严重情绪表现的词语越来越频繁地被人们所使用，很大原因就是人们不懂得为自己的情绪压力定下一个“止损点”，以致自己在情绪的漩涡中越陷越深。俗语说“忧能伤身”，不仅仅是忧虑，任何一种情绪，如果给人的精神造成了过度的压力，都可能成为锋利的匕首，严重伤害我们的身体。所以，如果我们设置了情绪压力“止损点”，我们就能够及时地对不受控的情绪喊“停”，保护自己的心理和生理。

当然，要能够对不受控的情绪喊“停”也并不是一件简单容易的事情，它需要强大的忍耐力、准确的判断力和果断的执行力。

在美国南北战争的一场战役中，南方奴隶主率领的军队把萨姆特堡包围了。北方军队的一个陆军上校接到命令，让他保护军用的棉花。他接到命令后对他的长官说：“我不会让一袋棉花丢失的。”没过多久，美国北方一家棉纺厂的代表来拜访他，说：“如果您手下留情，睁一眼闭一眼，您就将得到5000

美元的酬劳。”

上校痛骂了那个人，把厂长和他的随从赶出去，说：“你们怎么想出这么卑鄙的想法？前方的战士正在为你们拼命，为你们流血，你们却想拿走他们的生活必需品。赶快给我走开，不然我就要开枪了。”那个厂长见势不妙，就灰溜溜地逃走了。

战争为南北两地的交通运输带来了阻碍，许多南方农场主生产的棉花运不到北方，因此，又有一些需要棉花的北方人来拜访他，并且许诺给他1万美元的酬劳。

这个时候，上校的儿子生了重病，花掉了家里的大部分积蓄，妻子发来了电报，说家里已经快没钱付医疗费了，请他想想办法。上校知道这1万美元对于他来说就是儿子的生命，有了钱儿子就有救，可他还是像上次一样把贿赂他的人赶走了。因为他已经向上司保证过：“不会让一袋棉花丢失。”

又过不久，第三拨人来了，这次给他的酬劳是2万美元。上校这一次没有骂他们，很平静地说：“我的儿子正在发烧，烧得耳朵听不见了，我很想收这笔钱。但是我的良心告诉我，我不能收这笔钱，不能为了我的儿子害得十几万士兵在寒冷的冬天没有棉衣穿，没有被子盖。”

那些来贿赂他的人听了，对上校的品格非常敬佩，他们很惭愧地离开了上校的办公室。后来，上校找到他的上司，对上司说：“我知道我应该遵守诺言，可是我儿子的病很需要钱，我现在的职位又受到很多诱惑，我怕我有一天把持不住自己，收了别人的钱。所以我请求辞职，请您派一个不急需钱的人来做这项工作。”

他的上司非常赞赏他诚实正直的品性，最终批准了他的辞职申请，并且帮助他筹措了资金来支付医药费。

为情绪设定“止损点”就是要培养“喊停”的能力，让自己能够在情绪变得非常糟糕之前，快速地从糟糕情绪中摆脱出来。这一点很重要，如果你具备了这样的意识或能力，无论在生活还是在工作学习上，你都能够进退有度，常保愉悦安宁；而如果你没有这样的能力，糟糕的情绪甚至可能毁了你的生活。

大文豪托尔斯泰在文学上取得了巨大的成就，但在家庭生活上，他却算是个失败的人。为什么呢？就因为他没有养成一种对糟糕情绪“喊停”的意识或能力。

托尔斯泰和一位小他十多岁的女子结婚。这位女子妒忌心很强，经常扮成乡下女人窥探托尔斯泰的行踪，甚至跟踪到森林深处。他们常为此争吵不休。

面对妻子的无理取闹，托尔斯泰没有很好地控制自己的情绪，不是积极地想办法去征求妻子的信任，而是跟她“对着干”。他在日记里不停地埋怨、责怪妻子，把所有的错误都推到妻子的身上。而他的妻子是如何回应的呢？当然是把他的日记撕碎烧掉！她自己也记了一本日记，回击自己的丈夫，把错误都推到托尔斯泰身上。最终的结果如何呢？他们把两个人唯一的家，变成了托尔斯泰自称的“疯人院”。

这真的是一件悲哀的事情。两个人都不懂得为自己的情绪设定一个“止损点”，任凭糟糕的情绪发展下去。若其中有一个人为自己的情绪设定一个“止损点”，在争吵发生之前，或者发生了但还不是很严重的时候，果断地“喊停”，然后积极地想解决问题的办法，那么或许情况就不会那么糟糕了。

我们平常在生活或工作学习的时候，也要为自己设定一个情绪的“止损点”，果断把糟糕情绪拦截在我们体外！

第4种积极心态：

沟通有道，
处处受欢迎

沟通从“听”开始

如果你要成为一个良好的沟通者，你需要先成为认真的聆听者。要使别人对你感兴趣，先要对别人感兴趣。问别人喜欢回答的问题，鼓励他们谈谈他们自己和他们的成就。

——摘自卡耐基《人性的弱点·学会倾听，成为良好的沟通者》

成为一个良好的沟通者，应该是我们每个人都有的愿望。所以，我们经常抓紧机会在别人面前侃侃而谈，以为只要我们说得越多，那么在社交圈里便越成功。可是我们错了，说得多并不能为我们带来好人缘，反而可能因为没有时间去倾听别人说话，我们还错过了赢得他人好感的机会。

事实上，要实现良好的沟通，学会倾听非常重要。犹太人建立人际关系的方式便是——要以两倍于自己说话的时间去倾听对方的话。这是因为，人只有一张嘴，却有两个耳朵，所以听要比说付出更多。

建立了巨大金融王国的罗斯柴尔德家族也把“少说”作为家训流传下来，因为他们相信，倾听对方的话，建立信任关系，才能获得成功。

德国著名剧作家歌德也曾说过，“对别人述说自己，这是一种天性；认真对待别人向你叙说他自己的事，这是一种教养”。无论在哪个国家、哪个时代，有教养的人才会受人欢迎。

一位外交官的太太曾向人细述在她丈夫初入外交界，带她出去应酬时，她在那些场合多么受罪，她说：“我是个小地方的人，而满屋子都是口才奇佳、曾在世界各地住过的人。我拼命找话题，不想只听别人说。”一天黄昏，她终于向一位不大讲话但是深受欢迎的资深外交家吐露自己的问题。他告诉她说：

“每个人说话都要有人听，相信我，善于聆听的人在宴会中同样受欢迎，而且难能可贵，就好像撒哈拉沙漠中的甘泉一样。”

倾听是一种修养，同时也是对他人的一种尊重。所以，完全不给别人说话的机会自然是不对的，在别人说话的时候分心去想其他的事情，也同样不可取。

众所周知，汽车推销员乔·吉拉德被世人称为“世界上最伟大的推销员”。他之所以能够取到这么大的成就，很重要的一个原因在于他懂得倾听的重要性。而他能够领会到倾听的重要性，是从他的顾客那里得到的收获，而且是从教训中得来的收获。

事情是这样的：有一次，乔·吉拉德花了近一个小时才让他的顾客下定决心买车，然后，他所要做的仅仅是让顾客走进自己的办公室，把合约签好。

当他们向乔·吉拉德的办公室走去时，那位顾客开始向乔提起了他的儿子。“乔，”顾客十分自豪地说，“我儿子考进了普林斯顿大学，我儿子要当医生了。”

“那真是太棒了。”乔回答。

俩人继续向前走时，乔却看着其他顾客。

“乔，我的孩子很聪明吧？当他还是婴儿的时候，我就发现他非常的聪明了。”

“成绩肯定很不错吧？”乔应付着，眼睛在四处看着。

“是的，在他们班，他是最棒的。”

“那他高中毕业后打算做什么呢？”乔心不在焉。

“乔，我刚才告诉过你的呀，他要到大学去学医，将来做一名医生。”

“噢，那太好了。”乔说。

那位顾客看了看乔，感觉到乔太不重视自己所说的话了，于是，他说了一句“我该走了”，便走出了车行。乔·吉拉德呆呆地站在那里。

下班后，乔回到家回想一整天的工作，分析自己做成的交易和失去的交易，并开始分析失去客户的原因。

次日上午，乔一到办公室，就给昨天那位顾客打了一个电话，诚恳地询问道："我是乔·吉拉德，我希望您能来一趟，我有一辆好车可以推荐给您。"

"哦，世界上最伟大的推销员先生，"顾客说，"我想让你知道的是，我已经从别人那里买到了车啦。"

"是吗？"

"是的，我从那个欣赏我的推销员那里买到的。乔，当我提到我对我儿子是多么的骄傲时，他是多么认真地听。"顾客沉默了一会儿，接着说，"你知道吗？乔，你并没有听我说话，对你来说我儿子当不当得成医生并不重要。你真是个笨蛋！当别人跟你讲他的喜恶时，你应该听着，而且必须聚精会神地听。"

刹那间，乔·吉拉德明白当初为什么会失去这名顾客了。原来，自己犯了如此大的错误。

乔连忙对顾客说："先生，如果这就是您没有从我这里买车的原因，那么确实是我的错。要是换了我，我也不会从那些不认真听我说话的人那儿买东西。真的很对不起，请您原谅我。那么，我能希望您知道我现在是怎么想的吗？"

"你怎么想？"顾客问道。

"我认为您非常伟大。而您送您儿子上大学也是一个非常明智之举。我敢确信您儿子一定会成为世界上最出色的医生之一。我很抱歉，让您觉得我是一个很没用的家伙。但是，您能给我一个赎罪的机会吗？"

"什么机会，乔？"

"当有一天，若您能再来，我一定会向您证明，我是一个很忠实的听众。事实上，我一直就很乐意这样做的。当然，经过昨天的事，您不再来也是无可厚非的。"

两年后，乔卖给了他一辆车，而且还通过他的介绍，获得了他的许多同事的购买车子的合约。后来，乔·吉拉德还卖了一辆车给他的儿子，一位年轻的医生。

从此以后，乔·吉拉德再也没有在顾客讲话时分心。而每一位进到店里的顾客，乔都会问问他们，问他们家里人怎么样了，做什么的，有什么兴趣爱好，等等。然后，乔便开始认真地倾听他们讲的每一句话。大家都很喜欢这样，乔给了他们一种受重视的感觉，他们认为，乔是最会关心他们的人。

乔·吉拉德曾想以佯听来获取顾客的信任，结果他失败了，因为他一开口说话，神游天外的破绽就败露了。当他终于学会真心真意地倾听顾客的讲话后，他收获了顾客的信任。可见倾听来不得半点虚假和做作。倾听是对真诚直截了当的考验。所以，在与人交往过程中，我们若想以倾听来打动人，就必须满怀真诚不做假。

认真的倾听，既是一种礼貌，也是一种尊重，是一种对说话者的重视和关心。只有包含了这些有意义的行动，才能迅速打动对方的心弦，获得共鸣。

倾听是上等的软化剂

即使是最爱挑剔的人，最激烈的批评者，也往往会在一个有耐心和同情心的倾听者面前软化下来——这位倾听者，必须在寻衅者像条大毒蛇一样张开嘴巴的时候保持安静。

——摘自卡耐基《人性的弱点·学会倾听，成为良好的沟通者》

生活中，有些人个性恶劣，性格暴躁，经常跟人说话不够三句就会暴跳如雷，谁都别想让他多听进去几句别人的话。对于这样的人，要说服他们听从别人的意见是很难的，要让他们成为我们的朋友就更难。

不过，并不是完全没有办法。据大多数人的经验总结，这类个性别扭的人之所以表现得那么奇怪，其实只是为了吸引人们的关注，想借此获得人们的重视。他们总是急不可耐地发表意见，其实只是想让别人了解他们的想法，倾听他们的心声。所以，当人际交往中遇到这种性格的人时，我们可以用倾听来软化他们冷硬的外壳，博取他们的认可。

刘宏光从深圳去厦门，一个人，骑自行车。

才进入汕尾境内，山地车的链子就断了。刘宏光不愿打道回府，便站在路边招手。80%的司机视而不见，好心停车的几个大巴车司机一听他要带上碍事的破自行车，就很干脆地走了。

也不知过了多久，终于有辆货车愿载刘宏光去厦门。司机开口就要300块，刘宏光费了老大劲儿才砍到200块。要知道，从深圳坐豪华大巴去厦门，才160元。全程不过500余公里，刘宏光却已经走了近200公里。

刘宏光话多，一钻进驾驶室便问："老板，你贵姓？"司机没理他。

刘宏光不罢休，问："老板，你是哪里人？"司机依然闭着嘴巴。

刘宏光叫苦不迭，却也只好干坐着打瞌睡。

突然，一个急刹车，"吱"，刘宏光的身子差点儿被甩到挡风玻璃上。他刚要发怒，却见一只毛绒绒的白色京巴狗挡在车前，一个肥胖的女人指着车，嘴唇翻飞，不用猜都知道是在破口大骂。情不自禁地，刘宏光叹口气："咳，你们当司机的，不容易……"

刘宏光没料到，就是这句话，竟敲开了司机紧锁的牙关。刘宏光更没料到，司机的嘴巴一旦开了闸，即如滔滔黄河，奔流不息。

司机说，有回不小心压死一只野猫，被一帮路人围住，硬是敲诈去900元。

司机说，车开得好好的，猛不丁冲出一辆烂车，故意靠过来，擦了，高价索赔。

司机说，路边扬手搭便车的人多，可没准那人上了车，就摸出一把刀。

……

司机越往后说，刘宏光就越是肃然起敬。但到最后，心里头又隐隐约约生出些厌倦。

车到汕头，停车吃饭。司机继续他的长篇大论，刘宏光不停点头，附和。以往热衷于在他人面前搬弄口舌、逞口才威风的刘宏光，第一回"虔诚"地当起听众来。

吃饱喝足，刘宏光还没提出AA制的建议，司机已经趁着他去卫生间的功夫结了账。

重新出发，司机又开始了个人的"忆苦思甜会"。司机姓肖，陕西汉中人。14岁开始学开车，高歌猛进，一下子，开了18年还没歇手。翻过车，撞死过一头不守规矩在马路上散步的猪，遭遇过抢劫犯……现在在福建泉州，承包了一位亲戚的朋友开的货运公司的一辆货车。

讲到开心处，肖司机放开嗓门哈哈笑。讲到伤心处，肖司机唉声叹气。刘宏光跟着笑，跟着叹气。坦白说，这时的刘宏光已经完全没有听的兴趣，可又不敢断然请司机闭嘴，因为担心司机将他赶下车去。

到厦门，已是傍晚。司机没顾得上卸货，又领着刘宏光进了饭馆。

饭桌上，刘宏光掏出200元，递给肖司机。

肖司机瞪眼，推开刘宏光的手。

刘宏光以为司机要涨价，不料对方吼他："你这不是埋汰我吗，你把我当什么人了？起初我要收你路费，是因为我和你是陌生人，不认识。现在，我们是朋友了，哪能收你钱……一路上痛快，好痛快！到福建来足足4年了，就今天一路上说了个痛痛快快！从没人耐心听我这么一路聒噪不休哩，四周的人全都脚步匆匆，忙啊，忙。我知道……你这人，够朋友，看得起人，一路上都没皱眉头，竖起耳朵听。"

刘宏光哭笑不得。朋友，原来还可以这么结交而来！

又是一次毫无声张地，肖司机悄悄付了款。

末了，肖司机拍拍刘宏光的肩膀，说声谢谢，说声再见，走了。

看着肖司机的货车扬长而去，刘宏光忽然觉得自己挺心虚，因为自己一路上担任的并非真诚的听众，而是迫于无奈。这陕西司机，只知姓肖，名还未打听到哩。

刘宏光从厦门回到深圳，见人就格外得意地宣布自己这次厦门之行的最大收获，不是看到了鼓浪屿风光如画，而是拦路截取了一份将近6个小时、长达500公里的友谊。

经历过社会的磨炼敲打，肖司机对于陌生人是丝毫不讲情义只讲利益的，可是在6个小时的倾听软化下，他渴望被重视被倾听的愿望得到了满足，于是把心防卸了下来，把友谊释放了出来。

生活中，像肖司机这样的人不少，他们不懂得怎么表达自己的需要，就只好以冷漠的或强硬的外表来武装自己。他们像守城的将士，把我们的靠近全部当作是侵犯。我们想要让他们欢迎我们入城，就要倾听他们的要求，让他们心甘情愿的打开城门。

理解往往是相互的

当我以她的观点对她表示理解和道歉时，她也开始以我的观点对我表示理解和道歉。

——摘自卡耐基《人性的弱点·了解每个人的想法》

换位思考，这是我们在人际交往中应该学会的一个方法。它能让我们快速地获得别人的信赖，赢得别人的喜爱。因为换位思考，在客观上要求我们将自己的内心世界与对方联系起来，站在对方的立场上体验和思考问题，从而与对方在情感上得到沟通，增进理解，减少误会，促进彼此间的团结与合作。

只是，生活中有些人拒绝换位思考。因为他们觉得，应该由别人来对他们设身处地地着想，而不是由他们自己去做这样的事情。

其实，这样的计较大可不必。因为理解通常都是相互的，即使是对方主动换位思考，替我们着想，当我们接受他们的好意时，我们也该自觉地换位思考一下，替他们着想。

有人可能会说，我们争的就是这先后的时间差。那么让我们来算一算这一点时间差的代价：主动理解别人，我们能很快获得对方的理解，从而顺利解决问题；等待别人先表示对我们的理解，结果双方僵持不下，问题悬而不决，时间、精力都白白耗费，人际关系也会受损。看看下面这个故事：

杨博超是高一（2）班的体育委员，他现在正在苦恼。因为现在是运动会报名的最后一天，可是因为他们班是实验班，所有同学都拼命挤时间学习，谁都不愿意参加这种“浪费时间”的活动，所以至今报名的人寥寥无几。

他只好硬着头皮又站到了讲台上：“同学们，大家稍微给我点时间，容我再唠叨两句。咱们班运动会的名额还有好多，请各位踊跃一些吧，否则咱们班就会被取消参加运动会的资格。我知道，大家都是为了珍惜学习时间，不浪费宝贵的时光，但是运动会可以让其他班的同学看到我们班同学的风采嘛，我知道其实很多同学都是很有实力的。即使我们不参加项目，开运动会的那几天，大家也都要坐在操场看台上，与其看着别的班的同学在那里拼搏，我们都无聊地坐着，还不如咱们也为自己的同学加油呢！希望大家能够再考虑考虑。”

这个时候，已经报名的一个男生站起来了：“其实博超每天被体育老师批，就是因为咱们班不积极。大家就稍微停一下，尊重他一下，为了班里的荣誉，也为了咱们自己锻炼身体，咱们就支持一下他。即使最后咱们班在运动会上拿不到好成绩，至少咱们努力了。”

博超就差眼泪汪汪地感谢他了，大家也被博超和那个同学的话触动了。他们突然发现，讲台上的体育委员，不是在为了显示自己而强迫他们，他也很理解大家抓紧时间学习的心情，他至少看起来也不那么官僚……

第二天，博超来教室的时候发现了一张张字条，上面写着一个个名字和所报的项目。他感动极了。还有个同学，写了短短的留言：“如果我是你，我可能会跟咱们不争气的同学发火，我会暴躁，甚至强行地写上名字，凑够人数。但是你没有，虽然你是学生干部，你没有那么强迫我们做什么。我就尽我微薄的力量吧！为了2班，加油！”

令杨博超苦恼了那么久的问题，最后竟在一天内全部解决了，这就是换位思考方法所起的作用。主动站在对方的立场上关爱对方，对方感受到我们的诚意后，就会消除对我们的误解，发出积极的回应。这不正是“我为人人，人人为我”的真实写照吗?

我们做每一件事情都希望能有一个好的结果，我们与人相处都希望关系能和谐融洽，既然这是我们的愿望，那么我们就应该多采取主动，多从对方的角度去考虑问题，以此换来对方的理解、体谅和适应。

“如何要求别人，就如何要求自己”

让我们遵守这条金科玉律，你希望别人怎样对待你，你就该怎样去对待别人。

——摘自卡耐基《人性的弱点·如何让人们立刻喜欢上你》

小秦曾经一直是个敏感、心胸狭窄的人，所以很容易沮丧失落。在他狂热追求成长的过程中，他意识到自己以前一直被错误消极的思想所主导，太在乎别人对他所做的，因此很难快乐起来。当小秦改变思维，只在乎自己对别人的言行后，他发现自己就很容易变得快乐了。

有这样一件曾经发生在小秦生活中的小事可以证明。

那天晚上小秦赶到办公室加班，当小秦看到另一个同事也在加班时，小秦走到了他的面前很热情地打招呼：“小杨，你也加班啊，吃晚饭了吗？”可是小杨没有搭理小秦，脸上也没有任何表情，小秦相信他听到了自己的话。小秦在一阵尴尬中掉头回到自己的位子，可是却无法工作了，脑子一直在想：为什么他不理我？他怎么是那样冷漠的态度？我没有得罪他啊，太不懂礼貌了！小秦越想越愤慨，于是做了一个决定：下次小杨跟自己说话时也不理他。

一个小时过去了，小秦发现自己的工作效率极低，思绪始终被同事没搭理他的事所困扰。小秦意识到必须马上赶走这些讨厌的念头！他试图换位思考：“或许他正为手头的工作烦恼，没有心思回答自己；或许他一头埋在工作里没听见自己的话。每个人都有自己对待烦恼的特性，或许他烦恼时总是谁都不想理。”这样想后，小秦决定再次走过去，问问小杨怎么了，是否需要帮助。没想到刚走过去，小杨就先跟他打了招呼，并自告奋勇到下面去买饭。

看来小秦的换位思考是对的，小杨并非有意冷落他，于是小秦释然了，心情大好，接下来全身心投入工作，效率非常高。

我们有没有像故事中的小秦那样思考过，自己是否在乎别人的行为太多，而在乎自己的行为太少呢？我们是否总是期待别人对自己友善，而自己却常用不友善的态度回报别人？是否讨厌别人背后说自己坏话，却经常背后说别人的坏话？是否鄙视不守信誉的人，自己却经常会失信于他人？是否可怜那些心胸狭隘的人，却久久无法释怀别人对自己的伤害……这些问题的存在，说明我们没能遵循古训，“严以律己，宽以待人”，反而是颠倒过来，严以律人，宽以待己。

人们常说，因为人是矛盾的综合体，所以才会不快乐。那么，总是对别人有诸多要求，而对自己不做要求，想必这个矛盾就是众多矛盾中最棘手的一个了。

莎士比亚说：“为什么世界上有镜子，人们却不知道自己是什么样的？”不把自己放在“镜子”里，我们怎么看得到自己的样子？不把自己先打扮漂亮，我们怎么能在镜子中看到漂亮的影像？

所以说，要想别人对我们微笑，我们就要先对别人微笑；想得到别人的拥抱，我们就要先去拥抱别人；要想得到别人的友善，先去友善地对待别人；要想赢得别人的支持，先去支持别人；要想得到别人的赞美，先去赞美别人；要想得到别人的关心，先去关心别人。要想别人怎样对待我们，我们就去怎样对待别人。只有用对别人的要求来要求自己，我们才能得到想要的效果。

默特尔念小学二年级时，有天一下课回家就扑进妈妈的怀里抽泣着说：“课间休息时，一个男同学高声说：‘默特尔，默特尔，慢得像龟没法逃，长得这么胖怎么办。’然后人人都跟着他说了。他们为什么嘲笑我？我该怎么办？”

“我想最好的办法就是：他们要开你的玩笑，你就跟他们一起闹好了。”

“怎么闹？”

“我们不妨用喜儿糕试一试。”妈妈说，她的眼睛闪闪发亮。

“喜儿糕？”

“对。默特尔的喜儿糕。我们现在就来做。”

很快厨房里就弥漫着烘烤巧克力、椰丝、奶油和果仁的香味。面粉团刚烤成浅咖啡色，妈妈就把蛋糕从烤箱里取出。“你们班上有多少个同学？”她问。

“一共23个。”默特尔回答道。

“那么我就把喜儿糕切成28块。每个学生一块，老师汤姆金斯太太一块，再给她一块带回去给她的丈夫，还有一块给校长———剩下两块我们现在就吃。”

“明天我开车送你到学校之后，”妈妈说，“会先去跟汤姆金斯太太谈谈，到时候她会叫你的同学排好队，然后一个接着一个地对你说：‘默特尔，默特尔，请你给我一块喜儿糕！’跟着，你就从盘子里铲起一块来，放在餐巾纸上，对同学说：‘我是你的朋友默特尔，这是你要的喜儿糕！’”

第二天，妈妈所说的全都实现了。从此以后，同学作的第一首打油诗没有人再念了。默特尔反而不时听到同学念道：“默特尔，默特尔，给我烤个喜儿糕！”妈妈在万圣节和圣诞节都烤喜儿糕，让默特尔带到学校分给同学。昔日嘲笑他的人都成了他的朋友。

多年之后，默特尔查阅烹饪大全，想寻找“喜儿糕”这道点心，结果并没有找到。这是妈妈独创的食谱，但最重要的原料却是人人都有的，那就是“你想人家怎么待你，你先得怎样待人”。

也许我们还是不能做到古人的要求：严以律己，宽以待人。可是我们至少应该做到这样：对别人的行为有什么样的要求，对自己也要有同样的要求。

去理解，不要去谴责

不要谴责别人，而让我们试着去理解他们。找找他们为什么那么做的原因。

——摘自卡耐基《人性的弱点·“如果你想采蜜，不要踢翻蜂巢”》

作为学生，我们常常会抱怨两件事：一是父母总是不理解我们，总是以大人的世界观和价值观来批评我们的幼稚和不成熟的想法；二是父母总是逼迫我们做一些自己不喜欢做的事情，让我们觉得自由的权力被侵夺。因为有了这样的抱怨念头，我们就经常感到生活不如意，觉得自己是在痛苦中挣扎。

其实，对于这些问题，我们可以找到解决办法。我们希望父母能够理解我们，希望父母能够尝试从我们的视角去看一看我们所见到的世界，那么我们为什么不尝试理解父母，为什么不学着用他们的视角去看问题呢？

理解不一定就能让我们接受别人的思想，但当我们知道别人为什么那样做的时候，通常会变得比较心平气和，处理问题也就更理智，也许就能找到两全其美的好办法。

一个高中生今年要参加高考，到邻居陈医生家串门，提及高考，他怀着一肚子对父母的意见，发牢骚：“还不是我老爸老妈给‘逼’的，你得参加高考，你得争取考得好一点——”

“我看，说不定你还得感谢你老爸老妈啊！”

“为什么？”他问道。

陈医生给他讲了下面的这个故事：

一个钢琴师在一家酒吧弹琴，原本绝大多数的观众是喜欢他的。可是有一个观众却提出，他再也不愿意听他弹琴，而是想听他唱歌。钢琴师不会唱歌，可那个观众非让他唱。酒吧的老板冲着钢琴师喊："你要是想拿薪水就唱，否则滚蛋！"

钢琴师被逼无奈，唱了生平第一首歌。人们发现，他自己也发现，他用独特的唱法演绎了"蒙娜丽莎"。自此，他成了美国家喻户晓的著名演唱表演艺术家，他就是奈特·金·科尔。

"你那是拿名人吓唬人，我不过是个普普通通的高中生。"他听了陈医生的故事后，不以为然。

陈医生现身说法，说起了与这孩子相似的考试经历："我大学毕业后，开始还算顺利，按部就班，就业成家。可是，我所在的单位是家企业医院，单位的经济效益后来越来越差，最后连工资都发不出来了。一天，院长通知我待岗，我知道自此我要么开个私人诊所混日子，要么考研。可考研谈何容易，我都工作了10多年，学业荒废，还得携家带口，操劳家务。但是我还是决定拼搏一番，争取杀出一条血路，摆脱困境。谁知道我考研竟考了380多分，是我报的那所医学院里所有录取的研究生的第二名。可人人都替我惋惜，我也十分懊悔，要早知道自己有这么大能力，应该报考北京的协和医科大学！我如今在省级一流医院顶尖的心脏内科工作，是一名高级的医师了，工资待遇之高就更不在话下。"

陈医生接着对那孩子说，不要以为被逼的经历只有伟人名家才有，平民百姓也有；不要以为被逼的经历只有自己才有，别人也有，几乎人人都有。

如果不是被逼，奈特·金·科尔不会迫不得已地挖掘出自己的才能，这样他也许一辈子就只是一个在小酒吧里混日子的钢琴师；如果不是被逼，陈医生自己也不会发现自己有那么大的潜力，这样陈医生可能还会在某个小诊所期盼着病人来就诊。

你得感谢自己被逼，感谢逼你的人，他使你鼓足信心，睁大眼睛，扯去遮蔽你心灵的幕障，发现并挖掘自己的潜能，使你的潜能不至于束之高阁，使它不至于随岁月流逝而泯灭，使自己成为一个拥有才能又会运用才能的人。

确实，在生活中，被逼的经历几乎人人都有。大多数人不能够理解，就只会数着被逼的事情一件件地抱怨和谴责别人。

可是我们想要成功，想要减少被逼的体验，就应该像陈医生那样，理解人们逼迫我们的原因和目的，冷静地寻找逃出逼迫处境的出路。

俗话说“治标更应治本”，对于那些困扰着我们的问题，谴责任何人都无济于事，尝试去理解，追根溯源找到症结的所在，这样我们才能化压力为动力，让“逼迫”成为推动我们前进的“助推剂”。

以赞扬开场，批评更易被接受

卡耐基说："以赞扬开始犹如牙医以麻醉作为手术的开始一样，同样要钻牙，麻醉则可以消除疼痛。"

——摘自卡耐基《人性的弱点·如果你必须指出错误，那么这就是开始的方法》

批评，就是对别人的缺点错误提出意见。中国有句俗话，叫"良药苦口利于病，忠言逆耳利于行"，批评就是这苦口的良药、逆耳的忠言。

对于批评，古人有"闻过则喜"的说法，但那通常需要具备很高的修养才能做到。我们作为普通人，更多时候是不喜欢听别人的批评的。

虽然批评总会给人带来不愉快，但有时候我们却不得不使用它。比如说，学生犯了错，当老师的就必须批评，让他认识错误并且改正；好朋友做错了事，作为诤友，我们也应该批评，帮助他改正错误。既然批评是无可避免的，那么我们应该做的，就是努力使批评更容易让人接受。

让批评更能让人乐于接受的方法有很多，其中一个就是先表扬后批评的迂回之策。有些批评的话不适宜开门见山地说，我们就可以先铺垫一下，借用文学创作中赋的手法，先肯定对方的优点，再指出不足。

杨君是一所中学的语文老师。那天，有一位客人要找校长。杨君将他领到了校长办公室。校长的秘书出去办事了，杨君便给客人倒了一杯茶水，小心翼翼地把茶杯放在了客人座位前面的玻璃桌上，然后才离开。

中午在教工食堂吃饭的时候，年过50岁的老校长端着饭菜坐到了杨君旁边，说有件事情要跟杨君说说。杨君一向敬重老校长，连忙请他直说无妨。

老校长说："今天上午，你主动给客人倒茶，这很好。可有一点，你忽略了。你应该将茶杯的手把朝向客人的右手，这样他才能正好抓着，不用再转动杯子。你不知道，在你走后，客人在转动杯子喝水时，一不小心弄翻了茶杯……"

杨君没想到老校长居然这么细心，更没有想到倒茶这区区小事竟然还藏着学问。

老校长见杨君不语，以为杨君生气了，又说："小杨，我说这话没有责备你的意思，你年轻，不容易想到这些细节问题，以后留心就行了。"

"哪里哪里，说真的，我真没想过这些，谢谢您能提醒。"杨君不好意思地笑了笑……

如果老校长一开口就批评杨君倒茶时没放对茶杯的手把，杨君很可能出于为自己辩护的需要，不但不承认自己的错误，反而还会埋怨老校长小题大做。可是，老校长先是表扬了杨君主动倒茶的优点，后来还为杨君找好了理由，说明只是细节上的粗心，告诉杨君只要留心就能做好，这么暖心的批评，杨君真是多听几次都愿意啊。

卡耐基把批评之前的表扬比喻成医生手术前的麻醉，这的确是很形象的说法，但同时也告诉了我们，手术之后，麻醉的药效过了，疼痛还是会很强烈的，批评带来的疼痛也一样。所以，如果我们的批评不是药片而是手术，不是裹了糖衣吃下去后就能在毫无知觉中产生作用，那么我们就有必要给接受者多做一些止痛的措施。

美国著名企业家玫琳凯女士在其著作《谈人的管理》一书中写道："不要光批评而不赞美。这是我严格遵守的一个原则。不管你要批评的是什么，都要找出对方的长处来赞美，批评前批评后都要这么做。这就是我所谓的'三明治策略'——夹在两大赞美中的小批评。"

像玫琳凯女士这样，批评之后还要给予赞美，或者像老校长那样，批评之后还要加以宽慰，这样可以有效缓解批评给受批评者带来的疼痛，受批评者更乐于接受，而且还可能充满感激。

尊重他人的兴趣

罗斯福和其他领导人一样，他知道深入人们内心的最佳途径，就是谈论他最感兴趣的事物。

——摘自卡耐基《人性的弱点·如何引起他人的兴趣》

我们每个人都喜欢谈论自己感兴趣的话题。因为对于感兴趣的内容，我们总是了解得比较充分，因此，如果遇到不懂的人，我们可以充当讲解员，而遇到有同样兴趣的人，我们又可以互相交流，互通有无。当然，最重要的是，我们在谈论自己最感兴趣的事情的时候，可以通过别人的积极回应，来获得认同感和受重视的感觉。

在一次巡回表演的过程中，卓别林通过朋友的介绍，认识了一个对他仰慕已久的观众。卓别林和对方很谈得来，很快就成了关系不错的朋友。

在表演结束之后，这个新朋友请卓别林到家里做客。在用餐前，这个身为棒球迷的朋友带着卓别林观看了自己收藏的各种各样和棒球有关的收藏品，并且和卓别林兴致勃勃地谈起了心爱的棒球比赛。从对方谈起棒球开始，卓别林的话就少了很多，大多数的时候都是朋友在讲，他则微笑注视着对方并认真地听着。朋友说起自己亲自体验到的一场精彩比赛，兴奋得差点把午饭都忘记了。

在当地的演出结束之后，卓别林就告别了这位依依不舍的新朋友。不久之后，这次巡回演出也告一段落。回到家里，卓别林通过各种关系，费尽周折，找到了朋友说起的那场比赛里他最喜欢的那个棒球明星，请他在一个棒球帽上签了名，并亲自把这个棒球帽寄给了远方那个对棒球极度痴迷的朋友。

卓别林的举动让他身边的人非常不解。因为大家都知道，喜欢安静的卓别林对棒球从来就没什么兴趣，他们简直就无法想象卓别林只是为了朋友的一句话，就费了这么大的精力去要一个签名。尤其是当大家知道了对棒球一无所知的卓别林居然和朋友聊了大半天的棒球比赛，大家更加想不明白了——要知道，在那么长的时间里听朋友讲一个自己完全不感兴趣的事情，那种滋味儿可是非常难受的。

卓别林倒是很洒脱，他告诉身边的人："我是对棒球不感兴趣，可我的朋友对棒球感兴趣，只有尊重他人所尊重的事物，别人才能感受到自己被理解被尊敬，这是一切友谊的基础。"

后来，朋友听到了卓别林这段话，拿着他送来的棒球帽，感慨良久。两个人的友谊整整延续了一生。很多年之后，已经白发苍苍的他说起这段往事仍旧慨叹不已："我今生能够成为卓别林的朋友，是我最大的荣幸。是他让我明白了什么叫作真正的尊重和真正的友谊。他的人格光芒，照亮了我的一生。"

如卓别林所说，尊重别人的兴趣，是一切友谊的基础，是我们获得别人的接纳和喜爱的重要法宝。在使用这个法宝的时候，如果我们对所谈事物一无所知的话，可以学卓别林那样，只是专注地倾听，或者偶尔提问，切忌表露过分的热情。过分的热情会让我们难以为继，时间一长就会心生委屈，觉得总要自己去迁就朋友，朋友却不懂得体谅自己。而且，如果朋友知道我们的热情一直是装出来的，也会有种被欺骗的感觉。到这时候，我们和朋友之间的友谊就会有破裂的危险。

真诚赞美，收获意外之喜

假使有的人因为极度缺乏被人重视的感觉而发疯的话，那么想象一下，当我们真诚地赞美他人时，会创造怎样的奇迹。

——摘自卡耐基《人性的弱点·与人交往的最大秘密》

每个人都有希望得到别人重视的需求，所以，对一个人表示重视，我们通常就能得到对方的好感。表示重视的方法有很多，其中简单有效的一个方法，就是真诚地赞美对方。

真诚的赞美不同于敷衍和奉承，它不是随意捏造的，而是实实在在的。真诚的赞美都是对别人优点的中肯评价，所以需要我们付出一定的心思去发现对方的优点，还需要我们不掺杂念地承认对方的优点。所以，真诚的赞美在给对方带去愉悦的同时，也能够使我们博得对方的好感。

李彬兴冲冲地跑到小飞跟前说："小飞，你的钢笔字真漂亮。我去交语文作业的时候看见你的字帖了。真好看！"

小飞腼腆地笑了。小飞是从一个农村中学转来的，对新学校环境的适应不太好。他跟不上这个学校的学习进度，每天都为了学习的事情很自卑，觉得自己是个农村孩子，样样都不如城市孩子优秀。他很少和同学们打交道，每天就是闷在自己的座位上发愁。

李彬是个活泼的男生，平日里喜欢和大家说笑打闹。他发现小飞每天闷闷不乐。他猜想，小飞的成绩不好，可能是因为刚转学过来，两边学校的进度不一样，并不是小飞就比别人差，所以他想安慰鼓励小飞。

李彬去办公室交作业的时候发现了大家的字帖，最上边的是小飞，他的钢笔字刚劲有力，真的很漂亮，不像自己的，歪七扭八，那些字好像都喝醉酒了一样。

所以李彬从办公室跑出来，直接找小飞来了。小飞听了李彬的夸奖很高兴。来了新学校之后，他觉得自己处处不如别人，学习跟不上大家的进度。他比大家晚了半个学期的课程，虽然每天放学了都补课，但是还是没跟上来。体育课以前在农村中学都是自由活动，哪有那么多足球篮球，现在自己体育也不行，什么都不会。音乐课是让他最头疼的课了，他唱歌就跑调，被同学们笑了好几回了。他觉得自己一无是处。

现在被李彬这么一夸，小飞也觉得自己的钢笔字挺好看的，并且开始有了点信心。小飞很快和李彬成了好朋友。

小飞在日记里写下，是李彬的赞美点燃了他对新生活的向往，也点亮了他的希望，从李彬那里，他开始得到认同，他开始学着融入这个班集体。虽然他没有当面感谢李彬，但是在他心里李彬是他最重要的朋友。

像小飞这样，身处陌生的环境最容易缺乏被重视感，然后慢慢地淡忘自己的优秀。而李彬的真诚赞美就像一股春风，吹开了裹在小飞身上的冰霜，让他的优点像树芽一样焕发生机。获得如此的重视和友爱，小飞自然对李彬充满感激，引为知己了。

有时候，一句简单却真诚的赞美，让我们收获到的感激之情，可以比我们费尽辛苦地做10件好事所收获的还要多。因为这句真诚的赞美，让被赞美者看到了自己的价值，让他不放弃自己，让他跨过了生活的考验。

48岁的马尔克姆·戴尔凯夫是一个职业作家，在过去20多年的作家生涯中，他取得了可喜的成绩，但这并不是说他天生就如此成功。

戴尔凯夫说，小时候他是个非常胆小害羞的孩子，几乎没有朋友，也没有信心，总觉得自己什么事也做不了。1965年10月的一天，他所在中学的英语老师——布劳斯太太给全班的同学布置了一道作业，她要求学生们去读哈波·李的小说，然后在小说的结尾处用自己的话续写一段文字。戴尔凯夫回家后认真完成了作业，然后交给了布劳斯太太。现在他已记不起当初他写的内容和布劳斯太太给他的分数了，但他仍清清楚楚记得，并且永远不会忘记布劳斯太太在他的作文本里的空白处写的那四个字——“写得很好！”这四个字，改变了他的一生。

“在我读到这四个字之前，我一直不知道我自己是谁，也不知道将来我能做什么，”戴尔凯夫说，“直到读了布劳斯太太的评语，我才找到了信心。那天回到家后，我又写了一则小故事，这是我一直梦想着去做却不相信自己能做到的事情。”之后，在读书的业余时间，他又写了许多小故事，每一次他都把自己的作品带到学校，交给布劳斯太太。而布劳斯太太对这些稚嫩的作品总是给予了鼓舞人心的、严肃而又真诚的评价。“她所做的一切恰恰是当时的我所需要的。”戴尔凯夫说。

不久，他担任了校报的编辑，这使他信心倍增，同时视野也开阔了。由此，他开始了自己成功而又充实的一生。戴尔凯夫坚信，如果没有当初布劳斯太太在他的作文空白处写的那四个字，那么他现在所拥有的一切都不会发生。

在第30届中学同学聚会时，戴尔凯夫回到了当初所在的学校并且拜访了已经退休的布劳斯太太。他向布劳斯太太诉说了当初写的那四个字对他一生的影响——正是那四个字给了他信心和勇气，他才能成为一名出色的作家。

布劳斯太太被这个故事深深地打动了。戴尔凯夫说：“在那一刻，我想布劳斯太太同我一样意识到是她自己给予了我深深的、永久的影响力。”

布劳斯太太的称赞虽然简短，却充满了肯定的力量，拯救了迷茫中的戴尔凯夫，也就不难理解戴尔凯夫对她的感激和爱戴为什么如此之深了。

别使用奉承这个冒牌货

对于有辨别力的人来说，奉承几乎不会起什么作用。它是浅薄、自私、虚假的代名词。它会被识破，事实也常常如此。

——摘自卡耐基《人性的弱点·与人交往的巨大秘密》

奉承就是阿谀谄媚，用好听的话恭维人，向人讨好。生活中，有喜欢被奉承的人，也有喜欢奉承别人的人，但不管是哪一方，使用奉承都是在暴露自己的浅薄、自私和虚假。

有一次一群朋友在一起聚会，吃饭的时候，大家交换名片，其中有一位来自报社，另一位试图对其进行称赞，一看是报社的，这人便稀里糊涂地奉承说："哇，您是有名的大作家！"人家问："我怎么有名？"他说："我每次都看见你写的文章。"人家说："我的文章都在哪里？"他说："每次都是头版头条啊！"然后人家告诉他："真的吗？我是专门写讣告的。"讣告能在头版头条吗？显然是虚假的赞扬引起了别人的反感。但是这位先生仍然没有意识到自己的错误，看到旁边有一位小姐，仍然想去奉承讨好她，本来这位小姐长得很胖，聊了没几句，他说："小姐，您真苗条！"小姐说："什么，说我苗条！我知道你是在骂我！"

一听别人在报社工作，就不管不顾地奉承对方是大作家，这种过分地讨好只有一个效果，就是暴露自己的浅薄无知，为别人制造娱乐。

喜欢被奉承的人，只愿意听好听的话，对于反映真实情况的话总是避而不听，或者听了却生气发怒，这就等于是让自己生活在一个虚假的世界里。由于支撑这个世界的谎言是脆弱的、虚幻的，所以这个世界很快就会垮塌，这个人最终得到的结果只有失败。

中国古代有一个叫作虢（guó）国的小国家，曾有一位国君只爱听好话，听不得略微有些刺耳的意见，所以在他身边围满了只会说好话而不会治国的小人。直到有一天虢国终于亡国，那一群只会说好话的人都争着跑了，没有一个人愿意顾及国君。虢国国君总算侥幸地跟着一个车夫逃了出来。

车夫驾着马车，载着虢国国君逃到荒郊野外。国君又渴又饿，垂头丧气，车夫赶紧取来车上的食品袋，送上清酒、肉脯和干粮，让国君吃喝。国君感到奇怪，车夫哪来的这些食物呢？于是他在吃饱喝足后，便擦擦嘴问了车夫。

车夫如实相告。原来他从国君只爱听好话，不肯听刺耳的意见这一点，就预见到了国君会有逃亡的这一天，所以早早准备好了食物和水。而他之所以不早点告诉国君，是为了保全自己的性命，可以在这天护着国君逃亡。

国君听了车夫的这番话，不但不感激他，反而生气地对他大声吼叫。

车夫见状，知道这个昏君真是无可救药，死到临头还不知悔改。于是连忙谢罪说："大王息怒，是我说错了。"

两人都不说话，马车走了一程，国君又开口问道："你说，我到底为什么会亡国而逃呢？"

车夫这次只好改口说："是因为大王您太仁慈贤明了。"

国君很感兴趣地接着问："为什么仁慈贤明的国君不能在家享受快乐，过安定的日子，却要逃亡在外呢？"

车夫说："除了大王您是个贤明的人外，其他所有的国君都不是好人，他们嫉妒您，所以才造成您逃亡在外的。"

国君听了，心里舒服极了，一边坐靠在车前的横木上，一边美滋滋地自言自语："唉，难道贤明的君主就该如此受苦吗？"他头脑里一片昏昏沉沉，十分困乏地枕着车夫的腿睡着了。

这时，车夫总算是彻底看清了这个昏庸无能的虢国国君，他觉得跟随这个人太不值得。于是车夫慢慢从国君头下抽出自己的腿，换一个石头给他枕上，然后离开国君，头也不回地走了。

最后，这位亡国之君死在了荒郊野外，被野兽吃掉了。

好好一个国家，就因为国君爱听奉承话，招来了一群不会治理国家的佞臣，以致落了个亡国的下场。可见，如果一个人只爱听奉承话，听不进批评意见，又一味执迷不悟，一意孤行，那后果将是十分可悲的。

卡耐基说："奉承是冒牌货，就像假币一样，如果你使用它，最终会让自己陷入麻烦之中。"的确，奉承的话都是建立在夸大甚至完全虚假的基础之上，人们只要稍做探查，便能知其真伪。已经被事实证实的谎言，再高明的撒谎者也无法为自己辩驳，除非承认自己撒谎。

1995年4月，美国前总统克林顿的夫人希拉里·克林顿同艾德蒙·希拉里爵士见面，后者是攀登珠穆朗玛峰的第一人。其间希拉里·克林顿提到她的名字正是由艾德蒙·希拉里爵士而得来，因为她的母亲希望她也能够像希拉里爵士一样，在人生中勇攀高峰。然而，艾德蒙·希拉里爵士成功攀登珠峰发生在1953年，即希拉里·克林顿出生5年多之后。在她出生之时，艾德蒙·希拉里还是个无人知晓的新西兰平民。希拉里的对手因此而抨击她的贪慕虚荣和不诚实。直到2006年美国中期选举，她对此事仍难以自圆其说。

通过这几个故事，我们可以看到，奉承所传递的都是虚情假意，是不真实的评价，不管是输出者还是接收者，都可能因为它而惹来不小的麻烦。因此，让我们拒绝奉承吧，就像拒绝假币那样！

关心“那些看上去不重要的人”

给那些看上去不重要的人以同样的关心。

——摘自卡耐基《人性的弱点·真诚地关心别人，你就会处处受到欢迎》

某个跨国公司有一个清洁工，本来这是一个最被人忽视、最被人看不起的角色，但就是这样一个人，却在一天晚上公司保险箱被窃时，与小偷进行了殊死搏斗。事后，有人为他庆功并问他的动机时，他的答案出人意料。他说，当公司的总经理从他身旁经过时，总会赞美他“你扫的地真干净”。就这么一句简简单单的话，就使这个员工受到了感动，并甘以性命报答。这也正合了我国的一句老话“士为知己者死”。

美国著名女企业家玛丽·凯曾说过：“世界上有两件东西比金钱和性命更为人们所需——认可与赞美”。

对于一家公司来说，平时运筹帷幄的领导者重要，可是在关键时刻挺身而出保护公司利益的清洁工也同样重要。所谓的不重要其实只是我们的误解，因为我们不能预知关键时刻出现在什么时候，又有谁来解决关键时刻的关键问题——可以是所谓的重要的人，也可以是所谓的不重要的人。每个人都有自尊心和荣誉感，忽视会对他们的自尊心造成极大的伤害，而重视则可以换来他们的真诚的友谊。

有个推销员曾说过这样一个故事。他的工作是为强生公司拉顾主，顾主中有一家是药品杂货店。每次他到这家店里去的时候，总要先跟柜台的营业员寒暄几句，然后才去见店主。有一天，他到这家商店去，店主突然告诉他今后不用再来了，他的店不想再卖强生公司的产品了。这个推销员只好离开商店，他开着车子在镇子上转了好久，最后决定再回到店里，把情况说清楚。

走进店里的时候，他照常和柜台上的营业员打过招呼，然后再到里面去见店主。店主见到他很高兴，笑着欢迎他回来，并且比平常多订了一倍的货。这个推销员对此十分惊讶，不明白自己离开店后发生了什么事。店主指着柜台上一个卖饮料的男孩说："在你离开店铺以后，卖饮料的男孩走过来告诉我，说你是到店里来的推销员中，唯一会同他打招呼的人。他告诉我，如果有什么人值得做生意的话，就应该是你。"店主同意这个看法，从此成了这个推销员最好的顾主。这个推销员说："我永远不会忘记，关心、重视每一个人是我们必须具备的特质。"

在生活中，我们坚持对"不重要的人"给予关心和重视，并不一定就能收获到"关键时刻的帮助"，可是它至少能拉近我们与别人的距离，消除陌生与隔阂，产生一份单纯的友谊。这就已经很珍贵了。

承认别人的重要性

> 这是一条质朴的真理，几乎所有你遇见的人都感觉自己某方面比你优秀，而有一个方法可以深入他的心底，就是让他觉得你真诚地承认了他的重要性。
>
> ——摘自卡耐基《人性的弱点·如何让人们立刻喜欢上你》

卡耐基说，“几乎每个人都认为自己是重要的，非常重要的”。他还告诉我们，“如果能让他人感到受重视，许多人的生活可能都会发生改变”。因此，能够真心承认别人的重要性，可以在交往中对他人施以良性影响，让他对我们产生美好的印象。

事实是否真的如此呢？我们看看发生在著名NBA球星乔丹身上的这个故事就知道了。

迈克尔·乔丹是驰名世界的篮球明星，他在篮球场上的高超技艺举世公认，而他待人处世方面的品格更为人称道。皮蓬是公牛队最有希望超越乔丹的新秀，但乔丹没有把队友当作自己最危险的对手而嫉妒、挑衅，反而处处加以赞扬、鼓励。

为了使芝加哥公牛队连续夺取冠军，乔丹意识到必须推倒“乔丹偶像”，以证明公牛队不等于“乔丹队”，一人绝对胜不了五个人。一次，乔丹问皮蓬：“咱俩三分球谁投得好？”

“你！”

“不，是你！”乔丹十分肯定地说道。

乔丹投三分球的成功率是28.6%，而皮蓬是26.4%，但乔丹对别人解释说：

“皮蓬投三分球动作规范。自然，在这方面他很有天赋，以后还会更好，而我投三分球还有许多弱点！”乔丹还告诉皮蓬，自己扣篮时多用右手，或习惯用左手帮一下，而皮蓬双手都行，用左手更好一些，这一细节连皮蓬自己都没有注意到。乔丹把比他小三岁的皮蓬视为亲兄弟，“每回看他打得好，我就特别高兴，反之则很难受。”乔丹的话语中流露出他们之间的情谊。

正是乔丹这种心底无私的慷慨，树立起了全体队员的信心并增强了凝聚力，公牛队取得了一场又一场胜利。1991年6月，美国职业篮球联赛的决战中，皮蓬独得33分，超越乔丹3分，成为公牛队该赛季17场比赛得分首次超过乔丹的球员。这是皮蓬的胜利，也是乔丹的胜利，更是公牛队的胜利。

作为超级明星，乔丹并不因此轻视队友，相反，他清楚知道，对于整个队伍来说，每个队员都是重要的。为了激发起队友们的信心，他真心承认皮蓬的三分球投得比自己好，让他们都知道，不管是公牛队还是他乔丹，都没有忽视每一个队员的重要性。这种真诚的肯定让队员们对自己充满信心，对乔丹充满信赖，这才一同创造了公牛队的傲人佳绩。

真诚承认别人的重要性，可以让我们获得信赖。当我们陷入困难时，这些信赖我们的人会是极大的支持力量。

1858年，亚伯拉罕·林肯大胆地发表《家庭纠纷》的演讲，要求限制黑人奴隶的发展，实现祖国统一。演说表达了北方资产阶级的愿望，也反映了全国人民的意愿，因而为林肯赢得了巨大声望。林肯也因此被推选为美国第十六届总统候选人之一。

美国的总统选举，众所周知，通常都需要庞大的资金支持。可是林肯在参加美国第十六任总统选举的时候，却是穷困不堪，很明显处于劣势。虽然，林肯的善良和勤恳为他赢得了很多朋友，这些朋友都支持他，可是这些也远远不够支持他赢得选举。

转机是在一次特别的演说上。

因为穷，林肯没有专车接送，去哪里都是买票坐公车。在车上，虽然林肯总是帮助每一个有需要的人，但他从来不透露自己就是将要竞选总统的林肯，也从不吹嘘自己有多么的伟大，所以大家并不知道林肯就在自己身边。直到有一次，车上的选民们认出了他，并纷纷地向他提问："你凭什么当总统？我们能依靠你什么？"

面对选民们的追问，林肯微笑着做了一个这样的演说："有人写信问我有多少财产，我有一位妻子和一个儿子都是无价之宝。此外还有一个办公室，一张桌子，三把椅子，墙角还有大书架一个，架子上的书都值得每个人一读。我本人既穷又瘦，脸蛋又很大，不会发福。我实在没有什么可依靠的，唯一可依靠的，现在就是你们了。"

多么勇敢的一番演说！他的踏实，他的谦虚，他对所有人的尊重，都在这一段平淡的话语里，体现得淋漓尽致。在他的这篇演说里，选民们看到了自己并不只是一个选举的工具。

于是，在1860年的选举大会上，林肯以压倒性的票数，当选为美国第十六任总统，并且成为了美国历史上最受人民拥护和爱戴的总统之一。

承认别人的重要性，并不需要我们付出任何辛劳，却能让我们收获信赖的玫瑰；并不需要我们付出任何汗水，却能让我们享受成功的喜悦。承认别人的重要性，让对方看到自我的价值，让我们看到友谊的微笑。

要关心别人的需要

世上唯一能够影响他人的方法就是谈论他们的需要，并且告诉他们如何达到目的。

——摘自卡耐基《人性的弱点·“能做到这一点的人拥有整个世界。做不到的人孤独一生。”》

在一节“思想品德”课上，老师向孩子们讲了知识的重要性，告诉他们知识是世界上最为宝贵的东西。然后老师对孩子们说：“假如老师这里有很多你们需要的知识，现在老师让你们用自己所拥有的最心爱的东西和老师交换，你们愿意拿什么交换呢？”

孩子们有的说要拿自己的变形金刚换，有的说要用自己所有的画册换……当轮到一个大眼睛的小女孩时，她嗫嚅着说：“老师，我愿意用我的眼睛和你换。教美术的老师说，我的眼睛是全班最大的，也是最漂亮的。”

老师奇怪地问她：“你为什么要拿自己的眼睛和老师换呢？老师也有眼睛啊。”她想了一下说：“如果你换上我的眼睛，就不用戴眼镜了，也就不用老是用布擦镜片了。”

刹那间，老师被深深地感动了，一股暖流涌遍全身。当时正是冬天，因为室内外温差很大，在教室里上课，眼睛一会儿就被蒙上一层雾气，只好不停地摘下来用布擦。这一小小的细节，却被这个小女孩记在了心里。

老师在班上热情洋溢地表扬了小女孩，倒不是因为她愿意把眼睛换给自己，而是因为她不但想到了自己最需要的，还想到了别人需要的。在生活中，我们总是会清楚地知道自己最需要什么，却往往忽视了别人最需要什么。

现代社会里，人们越来越理智，对事物的看法也越来越透彻，所以，要想在生活中感动别人，已经不是一件容易的事。可是，这么一件在我们看来有不小难度的事情，在这个小女孩身上却轻易实现了。小女孩像一个天使，即使是跟老师做交易，也关心着老师的需要，这份纯真的善良赢得了老师的敬佩和感动。

也许，我们还在认为，智者的话才会给我们深刻的影响，感天动地的故事才会值得我们感动。可是现在我们也该承认，像小女孩这样的童言稚语也会带给我们深深的震撼，像她这样的小小行为也会带给我们深深感动。因为，在生活中，除了父母，还会这样关心我们的需要的人恐怕就只有我们自己了，而现在多了一个天使般的小女孩，多了一个天使般的他或她，这对我们来说是多么珍贵难得啊。

一个关心我们的需要的孩子，可以赢得我们的深深感动和喜爱，那么一个关心别人的需要的我们，应该也会得到对方的感动和喜爱吧。

有一个深谙赞美的积极作用的心理学家，一次他到一家邮局里，排队等候寄一封信，无意中他注意到柜台里那位职员似乎一脸无奈的样子。心理学家突然心生一念，想试着使这位小职员高兴起来。不过他告诉自己：要使他高兴，使他对我产生好感，我一定得说些好听的话赞美他。于是他又扪心自问："这人身上究竟有什么值得我赞美，而且是我由衷地想赞美的呢？"心理学家静静地观察片刻，最后终于找到了。当职员开始替心理学家把那封信件过秤时，心理学家立即随口友善地说了一句："真希望哪天我也能有你这样一头漂亮的头发！"职员抬头看了心理学家一眼，先是显得有些惊讶，随即绽放出一抹笑容。"哪里，我这头发，比起以前可差多了！"他谦虚地说道。听了心理学家的话，他心情果然好转，并热情地跟心理学家聊了好一会儿，临走，还补充一句："其实有不少人都很羡慕我这头黑发呢！"

对于一个做着枯燥工作的邮局柜台职员来说，他需要的是什么呢？心理学家关心着这个问题，并且最后满足了他的需要，所以得到了职员的深切好感。

想得到别人的好感，想影响别人，这些曾经是非常困难的事情，当我们学会去关心别人的需要后，就变得容易起来了。

要获得谅解，先承认错误

贬低自己，说出别人打算说的谴责之语——在他有机会责备你之前。那么你有99%的机会获得他的谅解和宽恕。

——摘自卡耐基《人性的弱点·如果你错了，立刻承认吧》

这个世界上，从不犯错的人是不存在的。做错了事就要承担责任，这个责任很可能是指责或惩罚。没有人会喜欢被指责或惩罚，所以一旦发现自己做错了事，我们大多数人的本能反应就是为自己找一个理由，或者说找一个借口。这个借口不一定要让自己信服，却一定要让别人相信，进而谅解。因为只有获得别人的谅解，我们才可能避免被指责和惩罚。

可是，借口真的能帮我们获得他人的谅解吗？

看过了下面这个小故事，我们就会知道，为自己的过错找借口，其实只会让别人对我们的过错更加厌恶。

一次上班迟到被经理逮住了，刘伟辩解说，道路整修，堵车。经理说，知道堵车为什么不早点走？刘伟说，早晨起来要洗脸吃饭，怎么可能走得早呢？经理说，为什么不早点起床。刘伟说，晚上公司加班加到那么晚，怎么可能早起床。经理说，那为什么不提高工作效率，还非要加班浪费公司的电费？刘伟有点恼怒，说，不就迟到了5分钟吗？有什么大不了的。经理嗓门更大，说，这不是迟到几分钟的事，是严重违反劳动纪律。争论的结果是，刘伟丢掉了当月的奖金。

刘伟气愤地收拾东西要辞职，一位曾目睹全过程的清洁工过来劝刘伟，说，本来不是什么大不了的事，认个错就行了，可你却非要一次次辩解，弄得经理不跟你辩论的话就占不到上风，结果就把简单的迟到问题，给提升到了违纪的高度了。

说出去的话泼出去的水，刘伟一时面子上拉不下来，还是辞职了，但那位清洁工的话却一直记在心里。

刘伟的辞职是可惜的。假设我们重新演绎一下那次的摩擦，设想成下面这样的情景，或许就是另一个不同的结局。

迟到了，刘伟诚恳地向经理道歉：对不起，我迟到了。经理很大度地笑笑，说：路上堵车是不是啊？刘伟说：堵车不是借口，如果我能早点起床就好了。经理说：也不怪你，昨天晚上我听说你加班回家挺晚的，早晨当然起不来了。刘伟说：其实工作时间抓紧点，也完全可以避免加班的。经理笑嘻嘻地说，其实你在工作时间已经干得很好了，下次注意别再迟到就是了。

是啊，假如刘伟能够主动认错的话，可能就不用闹到辞职的地步，说不定还能够一步步地引导经理认识到自己的优秀，给自己加薪呢。

总之，有了过错别怕别人责怪，要积极求得到别人的谅解；而要做到这一点，勇敢地承认错误非常必要。下面这个故事同样是一个很好的启示。

在Hamil公司工作时，《员工手册》规定员工拥有对自己所犯错误进行申诉的权利和机会，但不赞成员工有意为自己的错误找借口和理由。

做错了事，总得有个理由吧？再说这世界没有谁乐意承认自己的错误。在Hamil公司工作的林晓华一直这么想的，所以他一直都在不自觉地为自己所犯的错误找一些“华丽”的借口。

公司驻华总代表是Hans，当初是他将林晓华招进Hamil的。林晓华工作一直很认真，同事们也都说他是公司最认真的那个，但Hans却不这么认为，因为他三天两头就会找出林晓华工作中的“错误”，那些林晓华认为根本不存在的“错误”。要不是看在钱的份上，林晓华肯定早就辞职不干了。

最气愤的是有一次，林晓华接到客户的一个设计更改要求，由于负责设计的工程师在印尼出差，而且客户也不是催得特别紧，所以他决定等设计工程师回上海后再行商讨。没想到一个星期后客户一个电话打到Hans那里，说公司对他们的要求不重视。

Hans问林晓华是怎么一回事，林晓华将前因后果告诉他，并特别强调负责设计的工程师正在印尼出差。

“你这不是理由！”没想到Hans大声嚷道，“你可以发邮件给他，然后由他来安排别人完成！”

“但是，即便发给他了，他也无法安排其他的人完成啊！”林晓华辩解道。

“你说的没错！但如果你发了邮件给他，你就没有责任了！现在的问题是你没有安排！这是你的失职！”Hans生气地说道，“你或许可以找出很多理由来解释，但我不希望你给一个错误找理由！”

简直不可理喻！回到办公室后又看到Hans就此事发给公司全体员工的公开批评信，气得林晓华差点摔掉桌上的笔记本电脑。只是毕竟理亏在先，再说批评邮件中也并没有提到要扣林晓华工资，所以他气也就慢慢消了。

正所谓“福无双至，祸不单行”，一个月后林晓华真的犯了一个大错！他将一台价值5万欧元的设备型号搞错了，设备运到时林晓华才发现。这不仅意味着他为公司订了一台价值不菲的废品，而且重新订货意味着必须向客户赔偿工程延期损失。

这个错误太大了，简直不可饶恕！林晓华做好了最坏的打算，他打电话给Hans，却没有人接。林晓华只好给他写了一封邮件，告诉他自己犯的错误。

林晓华焦急地等待他的回信，15分钟后，Hans拨通他的电话，只说了一句话：“还等什么，赶快重新订货！”

1个小时后，林晓华收到了Hans的邮件，上面只写了两句话：“只要你在工作，你就会犯错误！祝你下午有个好心情！”

那一刻，林晓华擦了擦额角的冷汗，感觉窗外的阳光真好！

那以后，林晓华再也不给错误找理由了，哪怕再小的事情，他都会认真去做。慢慢，错误开始远离他，Hans也不再总是找林晓华的麻烦了，他的业绩迅速提升。

两年后，Hans回国到总部任职，走前他向总部推荐林晓华担任公司驻华总代表。

这个故事里，林晓华曾经为自己犯的小错误找理由，不但得不到Hans的谅解，反而招来他的责备。相反，在给公司造成巨大损失的大过错里，由于林晓华主动承认错误，Hans反倒开解他，安慰他。为什么呢？林晓华只是向他报告了自己所犯的错误，并没有极力谴责自己，没有把他可能责备自己的话提前骂出来啊？

其实，任何一个人是否愿意谅解他人的错误，不是看他是否贬低自己，而是看他是否真的知错，看他对认错是否有诚意。

在大多数人眼里，能够主动承认自己的错误，懂得自省自责的人，其认错的态度都是真诚的。

俗话说，心诚则灵。要获得他人的谅解，这的确是一条有效途径。

表情比衣服重要

一个人脸上的表情比穿在身上的衣服要重要得多。

——摘自卡耐基《人性的弱点·给人留下良好的第一印象的简单方法》

得到别人的喜欢，成为受欢迎的人，这是每个人都会有的心愿。为了这个目的，有的人会花很多钱在衣着打扮上。就像卡耐基提到的某位女士，她继承了一大笔遗产，为了在宴会上给别人留下好的印象，专门花费了大量金钱购买貂皮、钻石和珍珠来装饰自己。可是她的目的没有达到，反而她的冷漠高傲“击退”了一个个想接近她的人。

其实，在获取别人的好感时，表情比衣服更重要。一个衣着华丽却表情冷漠高傲的人，和一个衣着破旧但表情温和亲切的人，人们往往更愿意亲近后者。这就是为什么那位继承了遗产的女士并没有如愿以偿的原因，她的表情暴露了她的乖僻和自私的性情。

所以，想要提升自我魅力，让自己更受大家欢迎，我们需要多分点注意力给我们的表情。下巴不要总是往上翘，嘴角多带点儿微笑，双眼流露多一些真诚，这样的表情才能吸引别人的靠近。

刘泽的一位同学在一家外贸公司担任副总，工作压力非常大。有一次刘泽到他办公室，发现他正阴着脸在训斥一位员工。刘泽出来经过一个大开间办公室时，听到几位女生正在议论：“一天到晚板着脸，难看死了。”“每天看到他这个面孔，一天心情都好不了。”

有次他太太到刘泽家来，一说起她丈夫，就说起他的坏脾气。他太太说，自从当上了领导之后，他就容易动怒，经常计较一些鸡毛蒜皮的事情。

前几天，刘泽找他喝酒，期间他不停地接电话，不停地下指令。刘泽说，你真是日理万机，不要因为工作影响了生活。他一声叹息，说公司经营压力很大，每天他只睡5个小时，加班加点那是经常性的事情。

那天多喝了几杯，刘泽也借着微醺对他说："不知道你有没有感觉到，因为你的工作压力，影响了你的快乐心情，然后你又把这种忧郁和愤懑的情绪传染给了他人。在单位，你是主要领导。在家里，你是一家之长，你每天沉着脸，你的部下，你的妻儿，哪里还会有一个好的工作和生活环境？"同学看着刘泽，十分惊讶，然后就沉默了。

那天深夜，刘泽收到同学发来的短信，他说："谢谢你的提醒。你说的那个问题，我一直没有注意到。"

还有一个故事也很有启发意义。

林肯当美国总统的时候，有人举荐一个人担任政府教育官员，他的资历和学识都很不错。林肯要求见见他，当林肯见到他后，马上改变了看法，林肯认为他不能担任教育官员。

举荐者十分奇怪，林肯与他没有任何交谈，怎么就下了结论？林肯对他说："一个人活到了40岁，就应该对自己的脸负责。"推荐者仍然不解，林肯说："一个人的素养、品德、气质都会刻在脸上。而他让我感到非常不舒服。"

无论是刘泽的同学还是这位被举荐的官员，他们的经济实力保证了他们身上的衣着可以达到相当不错的品味，可是却不能保证他们的人际关系也能达到一个不错的水平，因为他们忽略了他们的表情，难看的脸色使得周围的人都不喜欢他们，甚至拒绝他们的靠近。

一个人内心的阴晴风雨，总会或多或少地写在脸上。一张阳光的脸，可以打动更多的人，而一张阴郁的脸，就会让人如遇寒秋。虽然我们不能选择自己的脸的美丑，但我们可以把握自己脸上的表情。让表情真诚一些、阳光一些、愉快一些，这样，对他人的吸引力就会增强很多很多。

记住对方的名字

记住一个人的姓名，自然地叫出来，你就是在对他进行微妙的恭维和赞赏。但是反过来讲，把那人的姓名忘记，或是叫错了——你就把自己置于一种不利的境地。

——摘自卡耐基《人性的弱点·记住对方的名字，否则，你会麻烦不断》

俗话说：“雁过留声，人过留名。”古今中外，人其实最珍惜自己的名声，许多人奋斗一生，为的也只是能够“青史留名”。所以，除非有迫不得已的原因，人们通常不会更改姓名——我国历史上更不乏有人把“坐不更名，行不改姓”看作一种侠士的风范。

然而现代崇尚化繁就简的风气，使很多人遇到别人较为复杂的名字时，就不愿意花心思去了解和记忆，以至于最后不是读错，就是用代号来称呼对方。连名字都嫌麻烦，不愿去重视，试问这样的人又怎会花心思去重视更加“麻烦”的名字的主人呢？

西德·利维要去拜访一个名叫尼可戴莫斯·帕帕多勒斯的顾客。大多数人都称呼他“尼克”。利维说：在我称呼他之前，我特别努力地对自己念了几遍他的名字。当我问候他时，我叫出了他的全名：“下午好，尼可戴莫斯·帕帕多勒斯先生。”他惊呆了，好像过了几分钟他才反应过来。终于，泪水从他的脸上流淌下来，他激动地说：“利维先生，我在这个国家住了15年了，除了你，没有人肯努力地称呼我正确的名字。”

完整地叫出对方的名字，竟可以让对方感动得流泪，这在我们看来好像是一件不可思议的事情。可是对于一个名字一直被忽视的人来说，却是并不过分的。因为叫对对方的名字，记住对方的名字，代表的是一种尊重，更意味着对名字主人的关注和在乎。

张静的儿子结婚办婚宴，她便趁这个机会，约请30年前初中3班在本地的36个同学聚会一次，更是费尽周折，请到了因几次搬家而失去联系的班主任孙广老师。

当大厅的宴会结束，客人走后，小厅里的同学聚会才算真正开始。这时才得空进来的张静提议，每个人都报一下自己的名字，几十年了，让老师再熟悉熟悉。孙老师却摇手，说："不用自报。还像当年开班会那样，我来按当年的学号顺序，点一下名吧。"有人忙把刚才统计的通讯录名单送上来，老师又摇手，说不用那个，给他他也看不清。说着，他就什么也不看，喊起名字来：王玉昆，冯小宝，宋丽珍……不待点完，学生们都已泪流满面。有女同学哭着说："几十年了，老师还能把我们的名字、顺序记得一点不错，老师的记性可真好啊！"

孙广笑了，说："不是老师的记性好，是我经常看你们的名单。我18岁开始教书，62岁退休，44年中不算任课，光当班主任就带了21个班。退休这么多年，老师我眼睛不好，平时除了听听广播新闻，就是借助特大号放大镜，翻看我的学生的花名册，回忆师生共聚的欢乐……老师经常梦回当年。看来我是这辈子教书没教够，下辈子还教书吧。"

学生们都感动得哭了，说："老师，下辈子我们还给您当学生！"

经过了30年，老师还能记住学生们的名字，试问有哪个学生不感动，不觉得自己在老师心中占据了不小的分量？

生活中，我们也不缺少这样的感受：路遇多年前的老师、领导，一见面，对方能一下子叫出自己的名字，心中难免有几分窃喜，感到自己被人尊重；久未谋面的同学、朋友，偶然相见，彼此都能叫出对方的名字，一种久违的亲切感穿越时空，温暖心田。所以，记住对方的名字，不仅是一种真诚的在乎，更是一种不做作的恭维。

是的，记住别人的名字是一种恭维，能帮助我们融化交往中的隔阂。只是我们可能会苦恼，要怎样才能牢牢记住别人的姓名呢？这里，我们一起来学习几个小技巧。

第一，多次重复这个人的姓名。我们要清楚地听清这个姓名，介绍之后要立刻重复这个姓名，交谈中尽可能地用到这个姓名，以便在头脑中扎下根来。

第二，建立有意义的联想。如一个同学的名字叫“严婉庄”，倒过来念“装婉盐”，这样马上就把这个朋友的名字记住了。

第三，运用谐音记忆名字。如有一个刚认识的朋友叫“李青齐”，我们就可以马上记住这个朋友的名字：哦，他是“你亲戚”！又比如，梁晓声我们可以记作“靓小生”，张达平可以记作“张大嘴巴吃苹果”，朱广林可以记作“猪光知道淋雨”……

所有人“在内心里都是理想主义者”

我们所有的人在内心里都是理想主义者，喜欢思考冠冕堂皇的动机。所以，要改变一个人的想法，需要激发他高尚的动机。

——摘自卡耐基《人性的弱点·人人都喜欢的诉求》

卡耐基认为，激发一个人的高尚的动机，就有希望改变他原来的想法。为什么会有这样的效果呢？我们试从自己身上找找这其中的因果关系吧。

诚实仔细地检查自己，我们会发现，每个人心底其实都对自己有一个理想的设定。这个理想中的自己，通常都是一个伟大的、了不起的形象，拥有某些特别优秀的技能，或者具备一些非常高尚的品质。可是，理想并不等于现实，生活中的我们，距离理想中的形象可能有很大的差距，而偏偏还不知道具体该怎么做才能与心中的自己多拉近点距离，多相似几分。所以，这个时候，如果有人告诉我们，按照他说的方法去做，就能实现理想中的自己，那么我们当然乐于一试了，不是吗？

德国著名诗人海涅，年幼时并不是一名好的学生，他写的作文从来都是被老师讥笑的话题，这一度使他对写作丧失了信心。一到语文课，他不是旷课，就是和同学打闹，甚至搞一些恶作剧，想方设法出老师的丑，有几次学校几乎要开除他。直到升入中学，这种状况才有了很大转变，尽管他仍写不好作文，但老师从他那跨越时间、跨越空间的大胆想象中，仿佛看到了一棵诗人的苗子。从此之后，老师再也没有强迫他写过一篇作文，并鼓励他说，就这样写下去，你一定能成为像歌德一样伟大的诗人。

“我能成为像歌德一样的伟大诗人？”小海涅被老师的话震惊了，尽管他当时连歌德是什么样的人都不知道，但他知道伟大是一个很了不起的词，因为他的父亲在说起伟大一词时，说的都是德国历史上那些名垂青史的英雄人物。

“能，一定能！”老师拉过小海涅的手说，“不过有一条你要记住，你要向歌德学习。”小海涅记下了这句话，并相信了这句话。后来老师又不失时机地一步一步告诉他向歌德学什么，小海涅竟一丝不苟地按老师的话去做。老师说，说话要像歌德一样文明，他就再也没有说过一句污言秽语；老师说，要像歌德一样学好知识，他上课认真听讲的程度就超过了班上任何一名学生；老师说，要勤思考、勤写作，他就专门为自己准备了一个写作的本子，一年要用掉好几个。

经过多年的努力，海涅真的写出了《北海纪游》《德国，一个冬天的童话》和《旅行记》等在德国和其他国家文艺界产生过积极影响的诗歌和散文作品，被公认为是继歌德之后德国最重要的诗人。

年幼的海涅虽然调皮，但想必也对自己有过理想的设定：成为一个伟大的人，成为一个像历史上那些名垂青史的英雄人物一样的人。所以，在老师肯定地告诉他，他能成为像歌德一样伟大的诗人时，他对自己的理想设定又重新焕发了光彩，引领他付出行动去实现这一梦想。

古语说：“人之初，性本善。”每个人的心里，都有着善良、纯洁、美好、高尚的种子。激发一个人的高尚动机，就是给潜藏在心底的种子浇水、松土，当种子接收到生长的讯号破土而出的时候，它的生命力便是势不可挡的，会迅速完成整个蜕变过程。

第5种积极心态：

遇事转换思维，别让烦恼羁绊

换一个角度，换一种心情

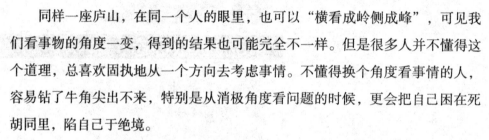

大多数时候，我们如果想摆脱一些琐事引起的烦恼，只要换一个角度，转变看法去看问题，就很容易获得轻松愉悦的心情。

——摘自卡耐基《人性的优点·别因琐事烦恼》

同样一座庐山，在同一个人的眼里，也可以“横看成岭侧成峰”，可见我们看事物的角度一变，得到的结果也可能完全不一样。但是很多人并不懂得这个道理，总喜欢固执地从一个方向去考虑事情。不懂得换个角度看事情的人，容易钻了牛角尖出不来，特别是从消极角度看问题的时候，更会把自己困在死胡同里，陷自己于绝境。

其实，即使是一根头发丝，也有从头端看和从尾端看的区别。从尾端看，这根头发可能是枯黄开衩的，是衰老的象征。可是如果我们从头端看，就会发现它的新陈代谢是那么旺盛，它充满着勃勃的生机，是生命力的象征。面对衰老，人的心情会是沉闷的悲伤，可是如果面对的是生机，心情就会转变为豁然开朗的欣喜。所以，我们想要充满活力，想要常常拥有美好的心情，就要学会在遇到坏情况时主动换个好的角度去看问题。

大战时，汤姆森太太追随当军官的丈夫，搬到了沙漠去住。那实在是个可憎的地方，她简直没见过比那更糟糕的地方。她丈夫出外参加演习时，她就只好一个人待在那间小房子里。热得要命——仙人掌阴影下的温度都高达摄氏52度，没有一个可以谈话的人。风沙很大，到处是沙子。

汤姆森太太觉得自己倒霉透了，于是她写信向父母倾诉。父亲的回信只有三行，却改变了汤姆森太太的一生：有两个人从铁窗朝外望去，一个人看到的是满地的泥泞，另一个人看到的却是满天的繁星。

她把父亲的这几句话反复念了多遍，终于醒悟了。她开始和当地的居民交朋友。他们都非常热心，当汤姆森太太对他们的编织和陶艺表现出极大的兴趣时，他们会把拒绝卖给游客的心爱之物送给她。她开始研究各式各样的仙人掌及当地植物，试着认识土拨鼠，观赏沙漠的黄昏，寻找300万年以前的贝壳化石。由于态度的改变，汤姆森太太有了一段精彩的人生经历，她发现的新天地令她既兴奋又刺激。

同样一个沙漠，换了一个角度去看待，不但它自己的“身份”被转变了——从“鬼地方”飞升为“新天地”，就连同汤姆森太太的心情也被转变了——从“糟糕”变为“既兴奋又刺激”。世间万物的存在就是这么奇妙，它们其实没有任何变化，只是观赏者的角度不同了，得到的心情也就随之改变。

一个小女孩趴在窗台上，看窗外的人正埋葬她心爱的小狗，不禁泪流满面，悲痛不已。她的外祖父见状，连忙引她到另一个窗口，让她欣赏他的玫瑰花园。果然，小女孩的心情顿时开朗。老人托起外孙女的下巴说：“孩子，你开错了窗户。”

女孩情绪低落是因为她开错了窗户，我们在生活中感到痛苦难受不也是因为我们开错了窗户吗？如果我们也能像老人那样，为自己打开一扇明媚的窗户，换一种积极的思路，变一种阳光的视角，那么即使在受到老师批评的时候，在受到同学误会的时候，或者在遭受其他挫折失败的时候，我们还是能看到充满生机的景色，闻到令人陶醉的花香。

换一个角度看待痛苦，我们会发现倒霉的际遇其实是精彩的人生经历；换一个视角看待悲伤，我们会发现沉重的心情其实只是假象，因为心底源源不断的活力可以力举千钧，置身其上的心情永远都是轻盈的，不会造成负担。

聪明人从批评中获取进步

普通人常因他人的批评而愤怒，智慧的人却想办法从中取得进步。

——摘自卡耐基《人性的优点·学会自我反省》

俗话说“良药苦口利于病，忠言逆耳利于行。”世上知道这个道理的人很多，能够践行的人却很少。为什么？因为人们普遍都不喜欢听批评的话，有时候即便听了也当成耳旁风，不接受规劝，逃避着不去改过。

有的人为了逃避他人的批评，总是极力隐瞒自己的缺点与过错，最后尝到苦果的人恰恰是自己。

我国古代春秋战国时期的名医扁鹊，有一次去见蔡桓公。他在旁边立了一会儿，对桓公说：“你有病了，现在病还在皮肤的纹理之间，若不赶快医治，病情将会加重！”桓公听了笑着说：“我没有病。”待扁鹊走了以后，桓公对人说：“这些医生就喜欢医治没有病的人，把这个当作自己的功劳。”

10天以后，扁鹊又去见桓公，说他的病已经发展到肌肉里，如果不治，还会加重。桓公不理睬他。扁鹊走了以后，桓公很不高兴。

再过了10天，扁鹊又去见桓公，说他的病已经转到肠胃里去了，再不从速医治，就会更加严重了。桓公仍旧不理睬他。

又过了10天，扁鹊去见桓公时，对他望了一望，回身就走。桓公觉得很奇怪，于是派使者去问扁鹊。扁鹊对使者说：“病在皮肤的纹理间，是烫熨的力量所能达到的；病在肌肤，是针石可以治疗的；病在肠胃，是火剂可以治愈的；病若是到了骨髓里，那是司命（古代称掌管生命的神为司命）所掌管的事了，我也没有办法了。现在病在骨髓，我不再请求了。”

5天以后，桓公浑身疼痛，赶忙派人去请扁鹊，扁鹊却早已经逃到秦国了。桓公不久就死掉了。

这个“讳疾忌医”的故事虽然发生在遥远的古代，但难道现在就没有吗？那些总以为自己没有错而不肯接受批评、躲避批评的人，正是现代版的“桓公”。

虽然，“是药三分毒”，任何一种批评都会给被批评者带来或大或小不愉快的感受，可是，正所谓“当局者迷，旁观者清”，自身的缺点和错误我们常常难以发现，很多情况下都需要倚赖别人来发现。因此，多听别人的批评，多借用别人不同的意见来检视自己，我们才可以少犯错误，少走弯路。

美国一家大公司的总裁查尔斯·卢克曼曾经用100万美元请演艺界名人鲍伯·霍伯上广播节目。节目播出之后，鲍伯从不看赞赏他的信，只看批评的信，因为他知道可以从中学到一点东西。

福特汽车公司为了了解管理与作业上是否还存在缺陷，特地邀请员工来对公司提出批评。

还有一位香皂推销员，他甚至主动要求人们批评他。当这位推销员开始为高露洁推销香皂时，订单接得很少。他担心会因此而失业。但他确信产品或价格都没有问题，所以问题一定是出在自己身上。每一次推销失败，他都会在街上走一走，想想什么地方做得不对，是表达得不够有说服力，还是热忱不足？有时他会半道折回去，对先前的那位客户说道：“我不是回来卖给你香皂的，我折回来是希望能得到你的意见与指正。请你告诉我，我刚才什么地方做错了？你的经验比我丰富，事业又很成功，请给我一点指正吧！直言无妨，请不必保留。”他的这个态度为他赢得了许多友谊，当然，也赢得了许多客户。知道他是谁吗？他就是立特，著名的营销专家，后来他升任为高露洁公司总裁，而高露洁公司也成为当代最大的香皂公司之一。

更具说服力的例子是林肯。有一年，美国总统林肯为了取悦一些自私自利的政客，签署了一项调动兵团的命令。当时，担任林肯政府军务部长的是爱德华·史丹顿。史丹顿不但拒绝执行林肯的命令，而且还指责林肯签署这项命令简直是愚不可及。有人事后将这件事报告给了林肯。报告人以为林肯会非常生气，结果林肯却很平静地回答说："如果史丹顿骂我愚蠢，我多半是真的笨，因为他几乎总是对的。我会亲自去跟他谈一谈。"林肯真的去找史丹顿谈心了。史丹顿指出他这项命令是错误的，林肯就此收回成命。林肯很有接受批评的雅量，因为他知道只要对方是真诚的，那么这些批评的意见就是对自己有益的。

别人表示赞扬和认同的意见虽然可以讨我们的欢心，甚至可以鼓励我们奋进，但也并非没有副作用。因为如果我们是错的话，那么这些赞扬和认同的意见就会掩盖我们的错误，让我们更加陷入错误的泥潭中，不能自拔。而与此相反，批评的意见就像车夫赶马儿的鞭子，原来的路是走对的，鞭子的作用会使马儿跑得更快；原来的路走错了，鞭子的作用就会把马儿赶回正道。

当然，批评可以使人进步，不代表所有的批评都有这个作用。有的人见识有限，其批评可能本来就是错的；有的人又可能出于某些目的，滥用批评来作为攻击对手的武器。所以，对于指向我们的批评，我们既要保持宽容的态度，也要对它们有所鉴别、筛选。我们对待批评的内容，要"有则改之，无则加勉"，也要学会对无稽的指责"一笑置之"。

学会忽略恶意的责难

很多年前我就发现，既然无法避免别人对我们进行不公的批评，我们至少还可以做一件重要的事：我们可以决定自己是否要受到批评的干扰。让我把这点说得更清楚些，我并非赞成对所有的批评都置之不理，我所说的是要有意识地去忽略那些恶意的责难。

——摘自卡耐基《人性的优点·不被批判所伤害》

面对批评，我们该做什么样的反应呢？这是个值得我们思考的问题。对于那些有理有据的批评，长辈们都教导我们要认真听取意见，好改正错误，取得进步。虽然这样做的时候，我们在情感上会有一些不舒服，可是为了自己好还是能接受的。但是，对于那些无凭无据的批评，智者们竟然也教导我们要学会置之不理，这怎么能办得到呢？关于这个问题，让我们先来听听佛教创始人释迦牟尼是怎么解释的吧。

释迦牟尼传道之初并不被人理解，常常遭到别人的怨恨和谩骂。可是不管那个人骂得多难听，释迦牟尼都不加辩解，仍然心平气和地听着，等到对方骂累了，释迦牟尼才问他："我的朋友，如果你送东西给别人，别人却不接受的话，那么那个东西是属于谁的呢？"

那个人不明白他的意思，很不客气地答道："当然还是属于我啦！"释迦牟尼说："到今天为止，你一直在骂我，可是我若是不接受这些'赠礼'的话，那么那些话是属于谁的呢？"

那个人顿时语塞，沉默下来，不得不承认以往谩骂释迦牟尼是因为嫉妒，他已经认识到了自己的过错，并发誓以后再也不诽谤他人了。

释迦牟尼把自己的这个经验告诉他的弟子，要他们戒之慎之：“一般人遭人辱骂后，总会想要回嘴报复，其实这是不必要的，因为那个人总会自食其果的；要想侮辱别人，不但不会达到目的，反而会回报到自己身上，侮辱到自己。”

多么聪明的做法啊！我们只要问心无愧，就不会因为他人的辱骂而遭到羞辱；谢绝对方的辱骂“赠礼”，就等于把这份“大礼”还给了对方。如果我们争强好斗的话，结果岂能是一场完美的胜利？

当然，要能够对别人毫无根据的批评和辱骂——即别人的恶意责难——做到从容忽略的话，并不是一件容易的事。它要求我们具备两种素质，其一就是自信。

心理学家杰克·埃菲尔德打过一个经典的比方：

如果我对你说：“你长绿头发了。”你会感到难过吗？

你的回答可能会是：“不。”

如果我再问你：“为什么呢？”

你的回答可能是这样：“因为我知道自己不会长绿头发。”

这样就可以说：“所以，我的话并没有影响到你，并没有改变你对自己的看法。任何时候，如果别人所说的关于你或你所做的事，让你感到不安，那是因为在某种程度上，你对自己的这个方面也有些怀疑。”

第二种素质是宽广的心胸。别人的恶意责难大多数都是口头上的，并不会给我们带来实质的伤害。可如果我们的心胸不够宽广，不能忽略它们，反而经常把它们放在心上，耿耿于怀，就可能给自己带来精神上的困扰。

从前，有一位师傅打发他的年轻弟子去集市上买东西。可弟子回来后，却是满脸不高兴。于是师傅问他：“怎么了？出了什么事，你这么生气？”

“我到集市上的时候，那些人都追着我看，还不停地嘲笑我！”弟子噘着嘴说。

“哦？他们都嘲笑你什么呢？”

“笑我个子矮呗！哼！可是，这些俗人哪里知道，虽然我长得不高，但我的心胸可宽广着呢！”弟子仍是气呼呼地说。

师傅听完他的话，什么也没说，转身拿起一个脸盆，带着弟子来到海边。

师傅先用脸盆盛满海水，然后往盆里丢了一颗小石头，脸盆里的海水溅了一些出来。接着，师傅又捡起一块大石头，用力扔进前方的大海里，大海没有任何反应。

“你说自己的心胸很大，是吗？我看不见得，人家只是说了几句你不爱听的话，你就生那么大的气！就像这个丢进一颗小石头的水盆，水花到处飞溅。”

弟子这才恍然大悟：和宽广的“大海”比起来，自己的心胸真的就只是像这个小小的“脸盆”一样啊！

恶意的责难就像斗牛士手上拿着的红布，其用意就是想要激怒我们。如果我们对这些挑衅不理不睬，那么再高明的“斗牛士”都不能挑起我们的怒火，更不能利用我们的怒火去完成他的表演。这正是卡耐基传授给我们的高明策略：“别人骂你的时候，你可以反唇相讥，但如果你对那些人‘一笑了之’，他们还能说什么呢？”

攻击，是因为你有所成就

如果你被恶意批评、攻击，请记住，他们之所以这样做，是因为批评攻击你会让他们感到自己很重要。这同时也表明你是有所成就的，而且值得别人注意。

——摘自卡耐基《人性的优点·刻薄的斥责也表示尊敬》

刘强和田乐是同班同学。田乐的妈妈发现，田乐最近总是心绪不宁的。起初田妈妈以为是田乐学习太累，身体不舒服。可是好一段时间了，田乐还是那样，甚至出现托病不去上学的现象。田妈妈越来越不放心了，就打电话给老师，想知道田乐在学校的表现。老师也说田乐最近有点反常，上课经常走神，心神不宁的。老师还以为是田乐家里出了什么事情呢。田乐一直是个很乖巧的孩子，学习用功，各方面都很优秀，会有什么事情呢？田妈妈百思不得其解。

田妈妈这天下班早，就顺道想去学校接田乐回家。走到离学校不远的地方，忽然看见几个流里流气的青年把田乐带进了旁边的拐角处。田妈妈心里"咯噔"一下，赶过去一看，几个人正在翻田乐的书包和衣服口袋。田妈妈气愤地赶过去，几个青年一哄而散。

田妈妈第二天带着田乐去了学校，把昨天见到的事情跟班主任说了一遍。班主任问田乐知不知道那些人是谁，田乐说只知道带头的一个人是刘强的哥哥，刘强的哥哥说田乐总抢刘强的风头，所以要压压他的风头。老师把刘强叫来问是怎么回事儿，刘强说不知道。最后老师说要报警，刘强才说是因为田乐比自己优秀，每次都和自己抢，气不过，所以才叫哥哥教训教训田乐的。老师严厉批评了刘强，也让田妈妈放心，以后学校一定注意，不再让这种事情发生。田乐也暗暗松了一口气，又恢复了从前的样子。

俗话说："木秀于林，风必摧之；堆出于岸，流必湍之；行高于人，众必非之。"当我们的表现非常优秀的时候，会惹来别人的非议、批评甚至是恶意攻击，这都是不奇怪的。可是遇到这种情况，我们应该怎么办呢？是像田乐那样苦恼不堪、闷闷不乐呢？还是予以反击？

当然都不是。也许，这个时候，我们需要学会苦中作乐。苦中作乐，不是让我们毫无反抗地接受这种欺负之后还要装作快乐，而是要我们懂得，即使遇到这样的烦恼和痛苦，也要有能力为自己选择一个轻松愉快的心态。

因此，面对同学因为妒忌而发起的攻击，我们最好应该培养自己这样的心态：他之所以攻击我，是因为他羡慕我，是因为我拥有他再怎么努力也得不到的成就；他的这番行动，其实是在肯定我的优秀，是在帮我做宣传。

也许，这样的想法是有点儿自欺欺人，可是对于一个已经"认错了"的"敌人"，我们已经没必要再去计较他的"罪行"，当然也更不应该拿他的错误来继续折磨自己了。更何况，其实这样的想法也并不是毫无根据的。事实就是，一个人如果既不优秀又不突出，就得不到别人的关注，更不会有人去羡慕和嫉妒。

再来看看下面这个故事吧。

每当成绩单发下来的时候，王兴都会绕开黑板旁边的公布栏进教室，因为好多被老师重视的同学都会凑在那里谈论成绩的事。等到自习课的时间，那些学生会被老师叫到办公室或者鼓励或者批评。看着那些从办公室回来的同学，或者兴高采烈，或者满不在乎，或者嘟着嘴一脸委屈，王兴的心里就不是滋味，他也想被老师叫进办公室，哪怕是被批评也好呀，只是老师们好像忘记了他的存在，从没有理过他。

数学课上，王兴又走神望着窗外。数学老师看到很不满，但没说什么，只是在低头翻教材的时候撇了撇嘴。这个细微的动作被王兴看到了，他觉得数学老师瞧不起他。为什么那些学习好的同学上课有点小动作，他就会开玩笑似地批评一下，为什么我犯错误的时候就不理，就只是不屑地撇撇嘴？王兴又生气又委屈，心里难受却又不知道怎么办。第二堂课王兴逃课了。

自习课的时候，王兴刚回到座位就被班主任叫走了。王兴实在憋不住了，就把自己心里的委屈和想法告诉了老师。老师沉默了好久，说：“王兴，你觉得自己笨吗？老师觉得你不笨，是你自己太小看自己了。如果你能端正态度，好好努力，将来一定能有很大成就的。”王兴看看老师，心里一下子很激动：“老师，我现在努力还来得及吗？我落下好多功课了呢。”“当然来得及，好好加油，有不会的积极问老师们。”

几天后，老师们都在办公室谈论王兴的事儿，说王兴一下子变得积极了。甚至有些任课老师还向王兴的班主任夸赞王兴。

记住，别人攻击你，很可能是因为你比别人优秀，这是别人对你的另一种方式的肯定。如果攻击没有真正伤害到我们，大度地接受这种“肯定”吧。另外，主动制造让人“攻击”的机会，其实也不是什么坏事，因为这至少意味着你有一颗积极进取的心——正如上面所说，妒忌的人只会攻击他重视的人、成就比他高的人，如果你不积极进取，怎会得到别人的重视？成就怎会比别人高？就像王兴，如果他不积极努力，根本就得不到别人的重视，当然，“攻击”也与他无关；而当他想要别人重视了，就只能主动制造让人的“攻击”的机会了，也就是积极进取、超越别人。

智者从损失中获得好处

如果我能做得到，我要把威廉·波里索尔这段话刻下来，悬挂在每一所学校里："人生最重要的事不是把你的收入用作投资，任何一个傻瓜都可以这样做；真正重要的是如何从损失中获得好处，这才需要智慧。而这一点，也正是智者与凡人的真正区别。"

——摘自卡耐基《人性的优点·化不利为有利》

"塞翁失马，焉知非福"是我国流传久远的一个故事，它比喻虽然一时受到损失，但也因此而得到好处。然而，对于普通大众来说，这种"因祸得福"的好处并不常见，我们经常能看到的都只有损失。那么，古人所说的"有失必有得"难道是骗我们的？

答案当然不是。我们往往只看得到损失而看不到好处，那是因为损失通常是表面的，它就像西红柿结的果，总是红彤彤地"显摆"出来；而好处则是隐蔽的，它像埋藏在地下的花生，需要我们去挖掘才能知道它的收成的多寡。由于损失是显而易见的，我们常常就被它造成的悲痛迷惑了心智，忘了好处的存在。只有用智慧的光芒冲破悲痛的迷障，我们才能找到好处藏身的所在。

有这样一个故事：一个公司要招聘一名副经理，在报纸上刊登了招聘信息，结果应聘者云集。一天，来了一个应聘者，年龄看上去有40岁，但人很精神，一副信心百倍、志在必得的样子。

看过他的简历面试官便皱起了眉头："先生，我们要求年龄在35岁以下，大学本科以上学历，可您是38岁，学历却只是大专呀。对不起，请您到别的公司去碰碰运气吧。"

这名应聘者接过简历，并没有立即走出去，显得很沉着，也许他早已预料到面试官会这么说了。只见他仍然谦恭而自信地说："请再给我5分钟时间，如果5分钟后你还没有改变主意聘用我的话，我将不会遗憾。"

面试官皱了皱眉，还是示意他继续说下去。

"是的，与前来应聘的人相比，我在文凭和年龄上都占不上优势，但我的工作经验却是丰富而宝贵的，我虽然不符合你们的选人标准，却不见得不符合你们的用人标准，我应该是公司最需要的人才，最有希望为公司创造财富的人才！"

听着他这近乎自负的推销，面试官不屑地笑了："你凭什么说自己经验丰富，是公司最需要的人才？"

"我工作15年了，先后在13个企业工作过。"

"这就是你所说的'丰富经验'？你的经历的确丰富，但你在15年内换过13次工作，这太可怕了！我们对那些心猿意马、跳来跳去、这山望着那山高的员工并不欣赏。"出于善意的目的面试官想教训一下他。

"是的，这是我的经历。需要声明的是，我虽然换过13次工作，但15年里我一直都在从事着食品营销的工作，工种上从来没有换过，我在这方面积累了丰富的经验。况且，这13次跳槽也并非出自我本意。"

"那是什么原因？"

"那是因为我工作过的13家企业先后因各种原因倒闭了。"

"哈哈，你真是个彻头彻尾的失败者！"面试官的语气里满是嘲讽，"你先后在13家企业工作，但公司都已经破产，这怎么能说明你有能力？"

他依然很镇定，并没有对面试官的挖苦在意，而是平静地说："不，这不是我的失败，而是那些公司的失败。更重要的是，我见证了他们的失败，而这些失败已经积累成了我自己的财富。我很了解那13家公司，我曾与同事努力挽救它们，虽然不成功，但我知道错误与失败的每一个细节，并从中学到了许多东西，这是其他人所学不到的。很多人只是追求成功，而我更有经验避免错误与失败！"

这下轮到面试官惊诧了。他的一席话深深地征服了面试官：是啊，我们所需要的就是这样一位既有丰富的业务经验，又有丰富的市场经历、有规避风险能力的助手啊！

从应聘者自信的谈吐以及睿智的思考中，面试官看到了站在自己眼前的分明不是一个失败者，而是历经失败、正在接近成功的人！

末了，面试官问了他一个连他也有些吃惊的问题："你为什么这么自信？难道你不怕我刚开始就把你轰出去吗？"

他笑了："我自信，是因为我曾经失败过。一个开明而有远见的老板是不会拒绝一个经历过多次失败，又懂得如何规避失败的人的！我深知，用13年学习成功经验，不如用同样的时间经历错误与失败，这样所学的东西更多、更深刻。"

"你被公司破格录取了，请到人事部报到。" 面试官一边说一边向他伸出了热情的手。

失败是一种损失，因为它浪费了一次成功的机会，浪费了已经付出的努力。然而失败也是一种财富，因为它让我们懂得了如何去避免相似的错误，为我们提供了一份经验教训。失败造成的损失不管多大，都已经无可挽回，所以我们再对它斤斤计较，也只是在做无用功。把有限的精力投放在失败带来的好处上，总结经验教训，我们就可能开启下一次的成功之旅。这就是成功者的智慧。这份智慧，不需要特别高的智商，不需要特别强的能力，只需要非常好的心态。这份心态你我都能具备。

缺陷“给了我们不可预期的帮助”

我越研究那些功成名就者的生平，越是深信他们之中大部分人的成功，都是因为最初的某种缺陷激发了他们的潜能，使其加倍努力并因此得到回报。正如威廉·詹姆斯所说的：“我们的缺陷，给了我们不可预期的帮助。”

——摘自卡耐基《人性的优点·化不利为有利》

缺陷也可以给人提供帮助？威廉·詹姆斯的这句话看上去像一句苍白的自我安慰。可是如果我们细细阅读那些成功者的故事，就会发现这句话说得一点不假。像弥尔顿、贝多芬和海伦·凯勒，像柴可夫斯基、托尔斯泰和陀思妥耶夫斯基，他们在音乐或文学的世界里创造了常人难以企及的成就，其中很大一部分功劳，正是在于身体的缺陷或者生活的挫折激发了他们的潜能，让他们开辟了别样的能量宝库。

是的，缺陷可以成为我们的能量宝库，不过这需要我们不要把缺陷单纯地看作不幸，而要把它看作是上天赐给我们挑战自己的契机。把缺陷看作是成功的契机，我们才会保住心中的斗志，加倍努力地去发掘突破困境的机会，闯出一片属于自己的天地，就像著名球星伯格斯那样。

美国NBA联赛中有一个夏洛特黄蜂队，黄蜂队有一位身高仅160厘米的运动员，他就是蒂尼·伯格斯——NBA最矮的球星。伯格斯这么矮，怎么能在巨人如林的篮球场上竞技，并且跻身大名鼎鼎的NBA球星之列呢？

因为伯格斯自信！

伯格斯自幼十分喜爱篮球，但由于身材矮小，伙伴们瞧不起他。有一天，他很伤心地问妈妈："妈妈，我还能长高吗？"妈妈鼓励他："孩子，你能长高，长得很高很高，会成为人人都知道的大球星。"从此，长高的梦像天上的云在他心里飘动着……

"业余球星"的生活即将结束，伯格斯面临着更严峻的考验——160厘米的身高能打好职业赛吗？伯格斯横下心来，决定要在高手如云的NBA赛场上闯出一片天地。"别人说我矮，反倒成了我的动力，我偏要证明矮个子也能做大事情。"在威克·福莱斯特大学和华盛顿子弹队的赛场上，人们看到蒂尼·伯格斯简直就是个"地滚虎"，从下方来的球90%都被他收走……

后来，凭借出色的表现，蒂尼·伯格斯加入了实力强大的夏洛特黄蜂队，在有关他的一份技术分析表上写着：投篮命中率50%，罚球命中率90%……

一份杂志专门为他撰文，说他技术好，发挥了矮个子重心低的特长，成为一名使对手害怕的断球能手。"夏洛特的成功在于伯格斯的矮"，不知是谁喊出了这样的口号。许多人都赞同这一说法，许多广告商也推出了"矮球星"的照片，上面是伯格斯淳朴的微笑。

成为著名球星的伯格斯始终牢记着当年妈妈鼓励他的话，虽然他没有长得很高很高，但是，他已经成为人人都知道的大球星了。

对于想成为篮球明星的男生来说，160厘米的身高的确是不幸，可是对于伯格斯来说，这样的身高也是一种幸运，因为正是这身高促使他发掘矮个子打篮球的优势，让他成为了篮球界独一无二的"矮球星"。可见缺陷也并不是完全有弊无利的，缺陷可以促使我们去发掘从未发掘过的潜能。

有一个小男孩，原本是练芭蕾的，在一次舞蹈训练中不幸颈部受伤。此后，他只要再练芭蕾定是尴尬无比。若干年以后的同学聚会中，大家惊奇地发现，他已经成为某著名乐团里的第一小提琴手。以歪脖姿势拉小提琴，不再是缺陷，相反，那犹如玉树临风的姿容，有一种震撼心灵的美丽。当有人问起他成功的秘诀时，他说，正因为颈部受过伤，练琴时也就没有其他人的不适感，他感觉这样的姿势正好适合自己，练琴的时间也比别人更长，更用心。久而久之，他就成了团里的"台柱子"。

美国加州有一位农民，花了很多钱买下一块土地，但是这块土地贫瘠得种不成任何农作物，他的心情变得很沮丧。有一天，他突然发现在矮灌木丛中竟然藏着许多响尾蛇。他灵机一动，决定在这块恶劣的土地上大量饲养响尾蛇，生产响尾蛇罐头；又将蛇的毒液提取出来作为血清销售。结果证明，他的生意好极了。后来，他又把自己的农场开发成专供探险和观光的旅游基地，引来了世界各地的游客。农夫所购买的土地，其最大缺陷是贫瘠，然而也正是因为这个缺陷，农夫才发现了更大的商机。

人们常说，生活不存在完美，因为上天不可能对我们照顾得面面俱到。就像小男孩和农夫，最终不得不面对无法避免的缺陷。可是他们没有盲目抱怨，而是静下心来发掘缺陷的可利用之处，最终获得了成功。

我们每个人都有属于自己的缺陷，如果能效仿伯格斯、小男孩和农夫，始终不放弃从缺陷中获得能量，我们就能以积极进取的心态去面对，把不幸当作上帝的馈赠来享用，进而从缺陷中寻觅到成功。

所以，如果在同学之中，我们因为个子太高或太矮而惹人非议，因为不够聪明或不够漂亮而得不到人们的关注，因为性格太过霸道或太过孤僻而没有人缘，但我们从不放弃从缺陷中汲取能量，那么我们就会有坚定的决心去改善这一切：我们会忘记缺陷，专心于努力学习和帮助别人，让身边的非议都变成称赞；我们会不再刻意去吸引别人的眼球，而是洒脱地展示自己最美好的一面，让人们的目光自然地被我们吸引；我们会坚定不移地去完善自己的性格，让志同道合的朋友主动向我们聚拢。

每样事物都有它可利用的价值，缺陷也并不是一无是处，用缺陷去坚定我们的决心，鼓舞我们的斗志，这才是我们需要采取的态度。

挫折也是人生的财富

挫折也是一种人生体验，是我们攀向事业巅峰的途中极有价值的磨炼。

——摘自卡耐基《人性的优点·在心中憧憬美好的生活》

拜伦说："挫折或者说失败是达到真理的一条道路。"

我们不难发现，一个成功的人一生中或多或少都遭受过失败。对那些害怕打击的人来说，经历逆境和遭受失败是人生最痛苦的事，一旦遭遇，他们就失去所有斗志；但对那些敢于面对现实，有勇气重新崛起的人来说，经历逆境和遭受失败恰好是人生的必修课，是一种财富，因为我们可以从中及时挖掘成功的经验，获得人生的进步。

莎士比亚曾说："当太阳下山时，每个灵魂都会再度诞生。"而再度诞生就是把失败抛到脑后，重新汲取力量。恐惧、自我设限以及接受失败，最后只会像诗中所说的，使我们"困在沙洲和痛苦之中"。如果我们借着信心、积极心态和明确目标来克服这些弱点，如果我们把失败看成是激发新的信心和潜力的契机，那么成功迟早会来到。

英国文学家卡莱尔费尽心血，经过多年的努力，总算完成《法国大革命史》的全部文稿，他将这本巨著的原件送给朋友米尔阅读，请米尔批评指教。

隔了几天，米尔脸色苍白，浑身发抖地跑来，他向卡莱尔报告一个悲惨的消息。原来《法国大革命史》的原稿，除了少数几张散页外，其余已经全被他家里的女佣当作废纸，丢入火炉化为灰烬了。

卡莱尔非常失望，因为他呕心沥血所撰写的这部《法国大革命史》只有一份原件，当初他每写完一章，随手就把原来的笔记撕得粉碎，所以没有留下来任何记录。这就是说，他的全部心血已经化为灰烬了。

然而，第二天，卡莱尔重振精神，又拿起了笔和纸。

他后来说："这一切就像我把笔记簿拿给老师批改时，老师对我说：'不行！孩子，你一定要写得更好些！'"

所以我们现在读到的《法国大革命史》，是卡莱尔重新编写过的。卡莱尔的重写稿要比第一稿好得多。

卡莱尔的经历告诉我们，能够在沉重的打击和痛苦的绝望中重新站起来的人，通常会得到补偿，拥有更大的成就。

每一次的逆境、失败及不愉快的经验，都隐藏着成功的契机。抓住这个契机，就抓住了成功之门的钥匙。大自然把挫折带给我们，就是为了帮助我们通过这把钥匙开启成功之门。

有一位智者曾经说过："你不可能遇到一个从来没有遭受过失败或打击的人。"

有人经过研究发现，人们的成就高低，和他们遭遇逆境、克服失败和打击的程度成正比。遭遇的挫折越巨大，克服越多的挫折，这样的人往往比别人成就更伟大的事业。

1914年12月，大发明家托马斯·爱迪生的实验室在一场大火中化为灰烬。实验室是钢筋混凝土构成，按理说应该是防火的，所以事前只投了23.8万的保险，但这场事故造成了200万美元的损失。那个晚上，爱迪生一生的心血成果都在大火中化为乌有了。

大火燃得最旺的时候，爱迪生的儿子查理斯在浓烟和废墟中找到了父亲。

爱迪生并没有一点伤心的感觉，静静地看着火势。当他看到儿子时，大声对儿子说："查理斯，你母亲哪儿去了？去，快去把她找来，她这辈子恐怕再也见不到这样壮观的场面了。"

第二天早上，爱迪生看着一片废墟说道："灾难自有灾难的价值，我们以前所有的错误和过失都给大火烧得一干二净了，我们应该感谢上帝，这下我们又可以从头再来了。”

在那次火灾过去后的三个星期，爱迪生就开始着手研制起他的第一部留声机。

谚语说：“失败乃成功之母。”乐观智慧的爱迪生明白：灾难让人痛心的是它毁掉了物质方面的积累，但它带来了经验和教训，这是新生力量崛起的契机，而这也正是灾难的价值所在。

我们攀登任何一座事业的高峰时，都需要支点作为支撑，挫折正好就是这些支点，它永远存在路上，既是我们的障碍，也是我们的契机，就看我们如何把握了！

用怜悯和感恩去代替憎恨

如果你我像我们的敌人一样承袭了同样的生理、心理及情绪的特质，如果我们的生活也完全相同，我们可能会做出跟他们一模一样的事来。印第安苏族人的祈祷词里说道："万能的主啊！请帮助我不要判断与批评别人！"与其憎恨我们的敌人，不如让我们怜悯他们，并感谢上天没有让我们跟他们经历相同的人生。

——摘自卡耐基《人性的优点·不要对敌人心存报复》

生活中，我们都希望有个好人缘，希望得到大家的喜欢。可是我们也应该清楚一个事实，那就是没有人会是绝对的"万人迷"。因为即使我们保持高尚，但难保别人不会有嫉妒心，难保别人不会因为心胸狭窄而对我们产生厌恶或怀恨心理，并因此故意跟我们作对。所以，学习如何应对那些不喜欢我们的人，是我们人生课堂上必不可少的一课。

面对故意作对的人，我们内心自然而然地会产生憎恨的情绪。如果任由这种情绪占据我们的头脑，我们就可能做出报复的行为来。正所谓"冤冤相报何时了"，用报复去反击别人的坏行为，只会让憎恨变成难解的死结，让本可以和平共处的两个人变成真正的冤家对头，而这样并不是我们想要的结果。

俗话说"冤家宜解不宜结"，即使我们不能根除别人对我们的误会，但我们至少能够不让这个误会恶化成敌对的关系。用怜悯代替憎恨，我们就能用温和的心态去看待别人的敌对行为，就不会冲动地只想着要报复。

莲莲在学校里和同学闹了一点小别扭，哭红了眼睛回到家中。

"莲莲，你怎么了？"妈妈看到莲莲这个样子，吓了一跳。

“呜呜……今天班上有个女生当着我的面说老师偏心眼，说老师偏向我。”

事情的原委是这样的：白天上体育课的时候，莲莲旁边有个女生在站队列时和莲莲说了几句话，结果被老师看到了。老师把他们两个人都叫了出来。由于莲莲的态度比较好，所以老师就让莲莲回到队列继续上课，而那个女孩因为和老师顶嘴，还用白眼翻老师，所以被罚站了一节课。

等下了课之后，她就到处和别人讲是老师偏向莲莲，本来应该是莲莲和她一起罚站的之类。莲莲心里很难过，忍不住就哭了。

“原来就是这点小事也往心里装，莲莲不要哭了，看看你多没出息啊。”妈妈笑着安慰莲莲道，“估计那个女孩是看你没有被罚站才生气，所以下课要在同学中间讨个说法，呵呵。”

“嗯，她就是这个意思，那也不能踩我呀！本来就是她先和我说的话。”

“莲莲，这样的同学，我们不要理会，好不好？相信你的同学也不会喜欢她的。”

“嗯，是，她周围的朋友特别少。”

“对啊，谁愿意和这样一个小气的女孩在一起玩呢？看到别人比她好就生气，这实在是不应该。莲莲，你也要从心里原谅她，也要同情她，毕竟她罚站了一节课啦。”

听妈妈这样一讲，莲莲反而破涕为笑了。

对于单纯的莲莲来说，那个女生的行为实在是可恶的。可是妈妈的分析多么正确啊，跟她计较显得自己也像她一样小气，而且让自己心里难过，多不值得啊。大度地原谅她，同情她，相信同学们自然能分辨出谁是谁非，不会随意冤枉好人的。

生活中不仅有不喜欢我们的人，也有我们不喜欢的人。如果只因为我们不喜欢就不分青红皂白地讨厌甚至憎恨别人，那么我们的生活也会变得充满不愉快。即使是不喜欢的人，尝试发掘对方好的一面，尝试用宽容的眼光去看待对方，我们就会发现生活比想象中的更加美好。

再来看看下面这则故事。

“然然，你迟到了哦。”本来说好8点一起去公园的朋友质问她。

面对着质问她的同学们，然然俨然一副委屈的表情：“咳！你们不知道，我在小餐馆里吃了饭才出来的，那里上菜的速度好慢了，我足足等了有20分钟。”

“噫——找借口。”同学们都不相信她。

回到家，妈妈看出了然然脸上的不愉快。

“然然，你今天好像有点不高兴。”

“是啊，我是很不高兴。中午我在一家小餐馆吃饭，他们上菜的速度特别慢，我等了20多分钟，还不停地催他们。反正，都是那家餐馆不好，害我迟到，以后我再也不去那里吃饭了。”

“呵呵，我以为是什么事呢，原来是因为这个呀。服务员们忙不过来，难免会手忙脚乱把你忘了，所以你要多体谅他们才对啊。”

“哼，那是他们的问题。”然然才不想从心里原谅他们。

“然然，我建议你要多想一想好的方面，比如你自己不会做饭，如果没有这家餐馆开张，你的午饭要到哪里解决呢？我们感谢他们为我们提供服务，解决了我们生活中的不便。心中常存感恩，生活才会变美好。”妈妈用她的“语言戒尺”敲打着然然的脑袋。

嗯，如果这样想的话，好像他们就是可以谅解的了吧。

餐馆的上菜速度慢导致了然然的迟到，如果因此记恨餐馆，那么以后然然再去那里吃饭就都吃不到美味食物了，因为心底的坏印象会冲淡食物的美味。反过来，像妈妈所说的那样，体谅服务员的忙碌，感谢他们提供的便利服务，然然再去吃饭时很可能就吃出不一样的美味，因为饭菜里多了一道叫“好心情”的调味料，滋味自然就好上加好了。

生活是我们自己去体会的，不管是人际关系，还是一日三餐的点滴滋味，我们都希望得到甜美的体验，那么讨厌和憎恨的情绪就应该尽量避免。多从怜悯和感恩的角度去看待周围的人与事，就像近视的双眼戴上度数适当的眼镜，我们会看见更多美丽的生活画面。

对敌人怨恨，就是对自己残忍

当我们对敌人心怀仇恨时，就等于赋予了对方更大的力量战胜我们。

——摘自卡耐基《人性的优点·不要对敌人心存报复》

我们大多数人都不相信“宽恕别人就是拯救自己”这样的话，我们更愿意相信，在受到伤害之后，只要我们不原谅对方，就可以让对方得到一些教训。可是实际上，不原谅别人，真正倒霉的人却是我们自己。首先，我们记挂着自己曾经受到的伤害，一肚子愤怒久久得不到释放，这只会让自己越憋越难受。其次，我们日夜耗费心神去想如何对付伤害我们的人，很可能弄得自己连觉都睡不好，时间一长甚至积出病来。再次，如果我们真的执行了某些“以眼还眼，以牙还牙”的报复行为，即使短时间内能瞒得过其他人，但终究真相会显露出来，到时候我们的名声就会大受损害。

传说，古代的时候，有一位画家在集市上卖画。不远处，前呼后拥地走来一位大臣的孩子，这位大臣在年轻时曾经把画家的父亲欺诈得心碎而死。这孩子在画家的作品前流连忘返，最终选中了一幅，画家却匆匆地用一块布把它遮盖住，并声称这幅画不卖。

从此以后，这孩子因为心病而变得憔悴，最后，他父亲出面了，表示愿意付出一笔高价。可是，画家宁愿把这幅画挂在自己画室的墙上，也不愿意出售。他阴沉着脸坐在画前，自言自语地说：“这就是我的报复。”

每天早晨，画家都要画一幅他信奉的神像，这是他表示信仰的唯一方式。

可是现在，他觉得这些神像与他以前画的神像日渐相异。

这使他苦恼不已，他不停地寻找原因。有一天，他惊恐地丢下手中的画，跳了起来：他刚画好的神像的眼睛，竟然是那大臣的眼睛，而嘴唇也是那么相似。

他把画撕碎，并且高喊："我的报复已经回报到我的头上来了！"

画家的报复，只是非暴力地不合作，可是即使如此，画家也深受其害。因为仇恨的种子在他心中，他看到的一切东西就都带上了仇恨，即使是他信奉的神灵也挽救不了他。佛家说，心中有佛，看到的便是佛；心中肮脏，看到的便是污秽之物。画家的遭遇正是验证了此种说法。

作恶的人，是应该受到惩罚，只是这个惩罚不一定非得要我们来执行。而即使惩罚，我们也不能仅凭自己受过伤害，就任意施为。而且很多时候，心怀怨恨的报复行为，往往给自己带来比对方更大的伤害。

春节前，刘凯被公司开除了，开除的原因很简单：捏造事实诽谤同事。原来，在一次会议上，一位同事与刘凯发生了争执，这次争执使刘凯感觉颜面扫地，于是，他便一直寻找机会回击这位同事。可是，他迟迟找不到机会，于是便为该同事捏造了一个收受广告公司贿赂的罪名，并在同事间散播。一时间，该同事受到了众人的指责，刘凯有了一种雪耻的快感。可是，很快这件事便被人力资源部门查了个水落石出。

最终，刘凯自导自演的这出"复仇"戏，把自己推向了最糟糕的结局。这不正如武侠电视剧里的那些报仇情节吗——冤冤相报没完没了，最终受苦的都是那些报仇的人，因为他们为了报仇放弃了亲情、友情、爱情甚至生命，他们的人生中没有快乐，而这样的结果甚至不需要他们的敌人动一动手指头。

事实上，这个世界上的仇恨永远不可能用仇恨去化解。每个人心中的仇恨都是对手用来对付我们的最好"凶器"。想通了这一层，也许我们就能理解，古人在打仗时为什么都喜欢在敌军阵前谩骂，也就能够理解，为什么圣人教育我们要从小培养宽恕之心了。

争论只会使人坚持己见

一场辩论结束了，十次中有九次，参加辩论的人会更加坚持他们的见解，相信他们是绝对正确的。

——摘自卡耐基《人性的弱点·争论中没有赢家》

卡耐基说，辩论的结果会使参加辩论的人更加坚持他们的见解。这个结论是他从数千次辩论的观察中总结出来的。可是，生活中的我们很少能明白这个道理。当遇到别人的意见与我们相左时，我们总是极力争辩，别人越是反对，我们越要坚持自己的意见，仿佛只有如此才算捍卫了自己的尊严。

有这么一帖处世药方，教的是如何待人接物，写得很有意思，其中有：热心肠一副，温柔两片，说理三分。

你或许会感到奇怪：说理为什么是三分而不是十分呢？看看下面这个故事或许你就知道了。

张明从小都是一副认死理的犟脾气，小学5年级时，不知为了什么和父亲理论——早已忘了原因，现在想来，大概是他记错了什么事——说着说着争论起来。张明说父亲错了，而父亲认为他是对的。滑稽的是两人都为这件小事争得互不相让。说着说着，父亲上火了，拿出他的权威"啪"地给了张明一巴掌："还要说？"张明拼命忍住泪："就是要说。""啪"，又是一巴掌："还要说？""就是要说。""啪啪！""还要说？""就是要说。""啪啪啪啪！""还要说？""就是要说就是要说。""啪啪啪啪啪啪……"张明终于忍不住疼，又气愤又委屈地大哭起来，一边哭一边大喊："你不是我爸爸，你不配做我爸爸……"

最后的收场是母亲怒气冲冲地加入了这场“战争”，过来把他父亲推开把张明护住。张明赌气足足有1个月不喊父亲一声“爸”，而父亲则被张明气得脸色铁青！

张明小时候虽然认死理，但如果他爸爸不跟他争执到底，他也不会发展到后来的顶撞和赌气。可见与人争辩有时候并不是一件明智的事，至少，在争辩的时候，要掌握一个度。聪明的人即使确信自己有理，也不愿与人激烈争辩，而只是“说理三分”。因为面对的如果也是聪明人，只要说理三分，对方就能醒悟；而如果遇到的是蠢人，费再多口舌也无用，还不如等待日后事实的呈现。

更何况，生活中有许多问题并没有统一的答案，对待同一件事情，不同的人有不同的见解，无所谓对与错。这种情况下的争辩，更容易使各人坚持己见。因为大家为了证明自己是对的，都会不遗余力地充实自己的论据，结果自然更加巩固了自己的立场。下面这个故事就证明了这一点。

刘杰与朱强是同桌，他们两个人很有共同话题，在一块经常讨论、商量题目。可是今天两个人看起来都气呼呼的，彼此不理睬。

原来早上的时候，语文课上学习了《鸿门宴》。两人都是“历史迷”，想象鸿门宴上剑拔弩张的气势，二人都兴奋不已，下课了，两人还在讨论。

刘杰说：“刘邦真险啊，幸亏知人善任，而项羽优柔寡断，是有勇无谋的莽夫。”朱强道：“怎么能说项羽是莽夫呢？只能说明他大度，有人情味。哪像刘邦这么奸诈狡猾？”

“有人情味？坑杀20万秦兵，残忍地屠杀咸阳城，这样的人你还说他有人情味？你是从哪看出来的？有人情味会输给刘邦？”刘杰一连串地反问道。

朱强不服气了：“项羽骁勇善战，和虞姬的爱情感天动地，比起六亲不认的市井小民刘邦来说，项羽才是真正的英雄。”

“真可笑，一个残暴的武夫竟然被你视为英雄，而真正的枭雄却当作市井流氓，你的眼光还真是异于常人啊！”刘杰讥讽地说。朱强真生气了：“就你正常，你眼光多好啊！”

两个人都生气了，脸都涨得红红的，声音越来越高。很多同学都开始往这边看。在争执的过程中，两个人都说了很多难听的话。

本来就是单纯的讨论课文，因为对历史人物的评价不同而引发了一点争执，争执到后来竟然变成了人身攻击。

坐在一块，彼此不说话是很别扭的。其实刘杰特别想和朱强和解，高中生活本来就很压抑，要是和同桌都不说话那就更憋闷了。可是每次想和朱强说话，就会想到同桌在争执中说的话很过分，想到这里便打消了和解的念头。

朱强也在想，明明就是在聊天，各自的观点不同罢了，观点本身没有对错。为什么两个人非得争个高低，要是当时两个人各自退一步，就不会有现在这么尴尬的局面了。

项羽和刘邦这两个历史人物谁优谁劣，谁更值得人们敬佩，这本来就是个见仁见智的问题。刘杰和朱强为此展开激烈的争辩，不但达不到说服对方的目的，反而带来了可怕的后果——一对好同桌变成了互不理睬的“陌生人”。

熟悉的亲友之间发生争辩，尚且会有那么糟糕的后果，如果是陌生人之间出现争论而又达不成共识，那后果想必更加糟糕。

社会中，人与人之间相处，应该以相互理解和尊重为前提，对待别人的不同意见，不应轻易否定。因为凡是争论，双方必定都有自己言之成理的论据，我们无法令对方改变心意，对方也无法说服我们，既然如此，我们就应该罢手，避免出现僵局，影响交际，也避免无谓的争执浪费时间。再说，允许别人有不同的见解，并不会改变我们自己的想法，反而通过别人的见解，可以帮助我们多角度地看问题，扩展自己的思路，这对我们都是有益无害的。

争论往往使人更加坚持己见，这个结果是与我们跟别人争论的初衷完全背道而驰的。所以我们应该尽量避免这种徒劳无益的争论。其方法就是控制我们的脾气，与人谈话时先听为上，给对方机会，不要急着抗拒、防护或争辩；尽量在交谈中寻找双方的共同点；即使双方的意见在最后还是不能达成一致，也可以大度地说一句“我们两人都是对的”，然后再转向比较安全的话题。

用别人的观点看问题

试着真正把自己放在他的位置上。

——摘自卡耐基《人性的弱点·能够为你创造奇迹的处方》

卡耐基说："为什么他人这样想、这样做，一定有他的理由。探求出那个理由——那么你就掌握了他行动和人格的关键。"

也许我们并没有兴趣对别人进行深入研究，但有时候我们真的很需要仔细了解对方的经历和处境，因为只有这样，我们才不会粗略地仅凭自己的经验，就对对方的表现做出判断，从而导致误会的产生。误会会对两个都没有错的人造成伤害。虽然，培养体谅包容的胸怀可以治愈这种伤害，可是如果能从一开始就避免误会的产生，那么对两个人之间的情谊会是更好的保护。

有什么办法可以最大程度地避免误会呢？那就是试着真正把自己放在对方的位置上，尽量用别人的观点看问题，体会对方会这样想、这样做的理由。真正能够做到这样，我们很可能就会发现，原来错的是我们自己，那么对对方就不会妄加批评，也就不会引发误会了。有一个小故事：

高一（2）班的全体同学利用周末的时间，去市里的夕阳红养老院看望那里的爷爷、奶奶，并帮助那里的工作人员打扫整个养老院的卫生。

全班同学干得热火朝天，不怕苦不怕累，洒水扫地，擦窗户，倒垃圾，忙了一个上午。忙完之后，还给爷爷、奶奶读报，和他们聊天，帮他们按摩，梳理头发，大家都很积极认真。可王文却发现人高马大的李琛并不动手打扫卫生，看见女生那么吃力地抬着一大筐的垃圾，也不帮帮忙，上午只陪着爷爷在下棋。大家干得那么累，可他却在树荫下乘凉。王文对李琛很有意见：亏他还是班干部，怎么能这样呢？

在回来的路上，心直口快的王文再也忍不住了，对李琛说："作为一名班干部，你今天的表现太让我失望了，在大家那么辛苦劳动的时候，你却拈轻怕重，不参加劳动。我都替你脸红。"李琛认真地听着，并没有反驳，当王文数落完后，李琛只是轻声地说道："好的，下次我一定会注意的。"

在一旁的班长吴健听到了他俩的谈话，忙跟王文说："你还不知道吧！昨天李琛在打球的时候摔伤了手，我劝他今天不要去养老院了，可他还是坚持来了，陪爷爷下棋，陪奶奶聊天，给他们带来了很多的欢乐啊！"王文听了，不好意思地说道："对不起，我不知道情况，就说你的不是了，希望你能原谅我。"李琛笑着说道："没什么，不要放在心上，今天我也做得不够好。"王文和李琛会意地笑了笑，误会就消解了。

王文之所以会做出这么鲁莽的批评，就是因为他没有了解李琛的具体情况，只从自己的角度去考虑问题。而李琛如果也像王文这样看问题，那就有充分理由为自己叫屈了。但是他没有，因为他能够从王文的角度去看问题，于是误会得以化解。

有这么一篇文章，作者是一位女教师，同时也是一个5岁小女孩儿的母亲。她在文章里说，以前她一直疑惑，为什么琳琅满目的商场对孩子毫无吸引力，每次为了让孩子陪自己逛街，总得费尽周折，满足孩子的好几个要求。后来，在一次逛街时，她蹲下身来帮孩子系鞋带，才总算明白了：原来那些琳琅满目、花花绿绿的商品和玩具，孩子根本看不清，以他们的高度，他们看到的只是一双双来来回回、忽快忽慢地走动的大腿。

诱人的商品和无趣的大腿，这是多么不同的"风景"啊！如果这位作者不是无意中蹲下，用了孩子的眼光去看问题，又怎么能解开她对女儿不喜欢逛街的疑惑呢？

"为什么他会这么想？""为什么他会这么做？"每次当我们与别人的意见有分歧时，都试着这样想一想，然后从他身上找到理由，这样误会就会远离我们了。

了解真相，才能做出明智决断

卡耐基说："我在这里要着重说明的是，无论你我，即便是爱因斯坦，甚至美国最高法院法官，也无法在查明事实真相之前做出明智的决断。"

——摘自卡耐基《人性的优点·如何分析并从忧虑中解脱》

我们如果看过电视剧《包青天》，或者听过有关这位明察秋毫的包大人的故事，就应该知道，包大人之所以能够对每一个案件都审判得合情合理，得益于他对案件的真相彻查得非常仔细详实。每一个聪明的犯人为了逃避刑罚，都会伪造证据，制造几可乱真的假象。包大人虽然没有火眼金睛，但他耐心寻找事情的真相，不冲动地过早下结论，所以每每能窥破假象，找出真凶。

卡耐基说，即便是爱因斯塔，甚至美国最高法院法官，也无法在查明事实真相之前做出明智的决断。确实，事实真相是包大人能屡破奇案的关键，也是我们能够对生活中的各种事情做出正确处理的关键。

只是，有时候我们自以为看到了事实，却还是会做出错误的判断。那是因为我们过分相信"眼见为实"，相信了亲眼所见的"事实"，却不知道生活的真相可能并非如此。我们大多数人之所以会犯这样的错误，原因很可能是因为冲动，不给自己时间去耐心思考一下。所以，如果可以不冲动，可以耐心安静地观察，我们就有很大机会可以确定自己所见的"事实"是否就是真相。

那天凯文去商场购物，人不多，队伍却始终停滞不前。凯文向前望去，看到一个衣着整齐的年轻女孩站在柜台前刷卡，她刷了很多次，可是每次刷卡机都无情地拒绝她。

“看上去那是一种福利卡，”凯文身后的男人咕哝道，“年轻人四肢健全却依靠福利养活，为什么不能像其他人一样找份工作呢。”

年轻女孩循声转过头。

“对，是我说的。”凯文身后的男人手指自己。

那个年轻女孩立刻涨红了脸，眼泪几乎流下来，她立刻扔下福利卡，低头跑出了商店，在人们的注视下很快消失了。

这一幕使凯文联想到自己，自从10年前凯文得了癌症，就一直在使用政府救济的粮票买食品，陷入困境的人有什么办法呢？这也使他学会，当你不了解一个人的真实生活的时候，就不要评判什么。

几分钟以后，有一个小伙子走进商店，他向收银员打听那位女孩，收银员说她已经弃物而走。

“我是她的朋友，究竟发生了什么事？”小伙子焦急地询问大家。

人们好奇地聚拢过来。

“我说了一句愚蠢的话，因为我看到她使用福利卡，这种事我本不应该说出来的，很抱歉！”凯文身后的男人说。

“哦，真糟糕。事情是这样的，她的哥哥两年前在阿富汗遇害，他留下3个小孩，不得不由她来照看抚养，她今年才20岁，单身一人，却要养活3个孩子。”他用坚定的声音告诉每个人。

“没想到，今天发生了这种事。”小伙子不安地晃动他的双手。“这是她想买的吗？”他指着女孩的购物车问收银员。

“是的，先生，可惜她的卡无法使用。”收银员说。

店中一片沉寂。

“你肯定知道她住在哪里吧？”凯文身后的男人突然问小伙子，他挤到队伍前面，掏出他的钱夹，把信用卡交给收银员：“请用我的卡结账吧，一定！”

收银员接过他的卡，开始为年轻女孩选购的商品结账。

“稍等。”那个男人转身拉过他的购物车，把自己的一部分食品放进了女孩的购物袋里，“是的，”他对大家说，“我们现在要多养3个孩子了。”

一位女士走过来，把一只火鸡放在了女孩的商品里，然后三个、四个，更多的人纷纷从自己的食品中挑出几样，悄悄放进了女孩的购物袋里。

“冲动是魔鬼”，这句话虽然听起来俗不可耐，说的却是大实话。冲动之下做出决断，我们得到的只是一时的痛快，后面很可能会有接踵不断的懊悔。

明白到冲动是蒙蔽事实真相的遮眼罩，我们就应该学会克制自己的冲动，莫要让它给自己带来麻烦、懊悔，甚至伤害。同时，在被别人的冲动所伤时，也可以以对方不明事实真相为由，劝自己宽容对方

第6种积极心态：

看开些，没有过不去的坎

有好心态，才有好心情

显然，环境本身并不能决定我们是否快乐，而我们对环境的态度才能决定我们的心情。耶稣曾说："天堂在你心中，当然，地狱也在。"

——摘自卡耐基《人性的优点·直面无法避免的事实》

我们常常以为，是环境决定了我们的心情。不是吗？身处游乐园中，我们会非常开心，但坐在沉闷的教室里，我们会觉得无精打采；处于一个融洽的班集体里，我们会常常感觉身心愉快，处于一个明争暗斗的班集体里，我们则会时常觉得身心疲惫。生活中的许多事例，好像都在证明，环境决定了我们的心情是快乐还是难过，是积极还是消极。

可是，事实真的如此吗？我们不妨先看看下面这个故事。

苏格拉底是单身汉的时候，和几个朋友一起住在一间只有七八平方米的小屋里。但是，他一天到晚总是乐呵呵的。

有人问他："那么多人挤在一起，连转个身都困难，有什么可乐的？"

苏格拉底说："朋友们在一起，随时都可以交换思想、交流感情，这难道不是很值得高兴的事吗？"

过了一段时间，朋友们一个个成家了，先后搬了出去。屋子里只剩下苏格拉底一个人，但是他每天仍然很快活。

那人又问："你一个人孤孤单单的，有什么好高兴的？"

苏格拉底说："我有很多书啊！一本书就是一个老师。和这么多老师在一起，时时刻刻都可以向它们请教，这怎不令人高兴呢！"

几年后，苏格拉底也成了家，搬进了一座大楼里。这座大楼有7层，他的家在最底层。底层在这座楼里是最差的，不安静、不安全，也不卫生。上面老是往下面泼污水，丢死老鼠、破鞋子、臭袜子和其他的脏东西。

那人见苏格拉底还是一副喜气洋洋的样子，好奇地问："你住这样的房间，也感到高兴吗？"

"是呀！"苏格拉底说，"你不知道住一楼有多少妙处啊！比如，进门就是家，不用爬很高的楼梯；搬东西方便，不必花很大的劲儿；朋友来访容易，用不着一层楼一层楼地去叩门询问……特别让我满意的是，可以在空地上养一丛花、种一畦菜，这些乐趣呀，数之不尽啊！"

过了一年，苏格拉底把一层的房间让给了一位朋友，这位朋友家里有一个偏瘫的老人，上下楼很不方便。他搬到了楼房的最高层——第7层，可是他每天仍是快快活活的。

那人揶揄地问："先生，住7层也有许多好处吧？"

苏格拉底说："是啊，好处多着哩！仅举几例吧，每天上下几次，这是很好的锻炼机会，有利于身体健康；光线好，看书写文章不伤眼睛；没有人在头顶干扰，白天黑夜都非常安静。"

后来，那人遇到苏格拉底的学生柏拉图，他问："你的老师总是那么快快乐乐，可我却感到，他每次所处的环境并不那么好呀？"

柏拉图说："决定一个人心情的，不在于环境，而在于心境。"

柏拉图的总结对极了！环境虽然可以给我们的心情制造一定的影响，可是如果我们的心态足够积极和乐观，完全有能力将它的影响进行转变。比如，当身处不如意的环境中时，我们把寻找快乐当成一个游戏，每天都尽力去发掘身处这个环境中的好处，那么糟糕的境遇就会变成奇妙的经历，让我们乐在其中了。

环境决定不了我们的心情，不管周围的环境如何，都是我们的心态决定了我们是在天堂中快乐，还是在地狱中难过。

有两个见解不同的人在争论三个问题。

第一个问题：希望是什么？悲观者说：是地平线，就算看得到，也永远走不到。乐观者说：是启明星，能告诉我们曙光就在前头。

第二个问题：风是什么？悲观者说：是浪的帮凶，能把你埋葬在大海深处。乐观者说：是帆的伙伴，能把你送到胜利的彼岸。

第三个问题：生命是不是花？悲观者说：是又怎样，凋谢了也就没了！乐观者说：不，它能留下甘甜的果实。

突然，天上传来了上帝的声音，也问了三个问题。

第一个：一直向前走，会怎样？悲观者说：会碰到坑坑洼洼。乐观者说：会看到柳暗花明。

第二个：春雨好不好？悲观者说：不好！野草会因此长得更疯！乐观者说：好，百花会因此开得更艳！

第三个：如果给你一片荒山，你会怎样？悲观者说：修一座坟茔！乐观者反驳：不！种满山绿树！

于是上帝分别给了他们一样礼物：给了乐观者成功，给了悲观者失败。

故事里，乐观者的成功是上帝赐予的，可是如果他不是一直保有积极的心态，上帝会眷顾他吗？

“自古逢春悲寂寥，我言秋日胜春朝。晴空一鹤排云上，便引诗情到碧霄。”这首《秋词》是唐代著名诗人刘禹锡的名作。虽然，自然环境是西风猎猎、落叶飘零的秋天，而社会环境更是诗人官场生活失意、政治抱负难以施展的困窘时候，可是诗人的豪情依旧，昂扬向上的奋发进取精神依旧，这就是积极心态为诗人打造的“天堂”。

一个人的心情阴云密布的时候，看到别人的笑脸也会觉得不顺眼；当一个人欣逢喜事之时，看到路边的野草也会觉得对方在欢笑。所以，调整好我们的心态吧，让世界在我们的眼里时时保持精彩。

无法挽回，就坦然面对

我并不是说碰到任何不幸，我们都应该束手待毙，那样只是宿命论者。只要还有一线逆转的机会，我们就要为之付出努力。可是当我们知道，一切已经无法挽回，我们就该保持理性，坦然面对，就不要瞻前顾后，庸人自扰。

——摘自卡耐基《人性的优点·直面无法避免的事实》

小时候，心爱的玩具坏了，我们可能会哭闹上很久，为它伤心上好长时间。可是慢慢长大后，我们就不会这样了。因为我们知道，玩具坏了就是坏了，若不能修好或者是买到新的，我们就只能接受没有了玩具的事实。这看上去好像是我们变得世故了，冷漠了，但实质上却是我们学会了自爱，学会了不把有限的时间和精力浪费在没有意义的事情上。

世上最没有意义的事情，就是为无可挽回的事情烦恼。因为第一，事情已经发生了，我们花再多的时间去苦恼也不会让结果有所改变；第二，为无可挽回的事情烦恼，会影响到我们以后的生活，降低它的品质。

一个人在他20多岁时被人陷害，在牢房里待了10年。后来冤案告破，他终于走出了监狱。

出狱后，他开始了几十年如一日的反复控诉、咒骂：“我真不幸，在最年轻有为的时候竟遭受冤屈，在监狱度过本应最美好的一段时光。那样的监狱简直不是人居住的地方，狭窄得连转身都困难，唯一的细小窗口里几乎看不到阳光，冬天寒冷难忍，夏天蚊虫叮咬……真不明白，上帝为什么不惩罚那个陷害我的家伙，即使将他千刀万剐，也难以解我心头之恨啊！”

75岁那年，在贫病交加中，他终于卧床不起。弥留之际，牧师来到了他的床边，说：“可怜的孩子，去天堂之前，忏悔你在人世间的一切罪恶吧……”

牧师的话音刚落，病床上的他声嘶力竭地叫喊起来：“我没有什么需要忏悔，我需要的是诅咒，诅咒那些施予我不幸命运的人……”

牧师问：“您因受冤屈在监狱待了多少年？离开监狱后又生活了多少年？”他恶狠狠地将数字告诉了牧师。

牧师长叹了一口气：“可怜的人，您真是世上最不幸的人，对您的不幸，我真的感到万分同情和悲痛！他人囚禁了你区区10年，而当你走出监牢本应获取永久自由的时候，您却用心底里的仇恨、抱怨、诅咒，囚禁了自己整整40年！”

所谓“时间一去永不回”，已经失去的10年时间虽然令人惋惜，但是的确没有人能够挽回了。这个人能够把握的，就是他的后半生。如果他能够看得开些，他还能拥有幸福的后半生的。可是他的执念让他继续痛苦了40年，而这40年的痛苦完全是他自找的，不是别人强加给他的。

其实，生活中存在磨难这是众所周知的事实，我们不能接受的只是磨难降临到自己的头上而已。我们虽然只是平凡人，没有能力去拒绝磨难的降临；但我们也可以做一个不平凡的人，在磨难降临后，不但坦然接受生活的考验，还能在这个考验中做出令人刮目相看的表现。

太阳很亮的时候，生命就在阳光下奔跑。当太阳落山，还会有那一轮高挂的明月；当月亮沉下去，还有满天闪烁的星星；如果星星也熄灭了，那就为自己点一盏心灯吧。无论何时，只要心灯不灭，就有成功的希望。

美国有一种家喻户晓的美食叫“琼斯乳猪香肠”，在它的发明背后有一个催人泪下的与命运作斗争的故事。

该食品的发明人琼斯原来在威斯康星州农场工作，他身体强壮，工作认真勤勉。可天有不测风云，在一次意外事故中，琼斯瘫痪了。

但是，琼斯始终没有放弃与命运作斗争。他决定让自己活得乐观、开朗些，做一个有用的人，他不想成为家人的负担。

他把自己的想法告诉家人："我的双手虽然不能工作了，但我要开始用大脑工作，由你们代替我的双手。我们的农场全部改种玉米，用收获的玉米来养猪，然后趁着乳猪肉质鲜嫩时灌成香肠出售，一定会很畅销！"

苍天不负有心人，事情果然不出琼斯所料，等家人按他的计划做好一切后，"琼斯乳猪香肠"一炮走红，成为人人知晓、大受欢迎的美食。

自爱，就应该像琼斯这样，不浪费自己的时间和精力，不为无可挽回的事情烦恼，尽量多做那些对生命有意义的事情。

当我们把自己的生活都填满有意义的事情后，我们就会发现，生活并没有对我们不公平，那些磨难都是值得感激的馈赠。

专注于我们所拥有的幸福

我们生活中的事情，大概有90%都进行得很顺利，只有10%是有问题的。如果我们想要快乐，我们要做的就是集中注意力在那90%的好事上，不去理会那10%就可以了。

——摘自卡耐基《人性的优点·盘点你的幸福》

俗语说，人生不如意事十之八九。可卡耐基却说，我们生活中的事情，大概有90%都进行得很顺利，只有10%是有问题的。究竟哪个说法是对的？

其实，何必执着于区分这两种说法的对错，我们只要相信一点就够了，那就是：不管生活有多少成是如意的，又有多少成是不如意的，我们只要专注于那些如意的事情，而不要太多地去想不如意的事情，那么我们就可以常常感到幸福和快乐了。如此，如果事实真如卡耐基所说，生活中90%的事情都是顺利如意的，那么常常想着它们，我们的幸福和快乐甚至可以多到满溢出来。

要想常常感到幸福和快乐，就要多看自己已经拥有的东西，少去回顾已经失去的东西，也不要去想那些得不到的东西。

比如，最心爱的钢笔坏了，修不了，也买不到另一支一模一样的，那么就让我们放开悲伤，只感谢它的多年陪伴吧。

又比如，班上的学习委员既美丽又聪明，让我们十分羡慕，可是天生的模样和智商不是我们想要就能得到的，那么我们可以想想自己拥有的同样珍贵的东西：温柔的性格，善良的品质，良好的人缘……想到我们有那么多优点，我们自然会开心起来。

俗话说：知足常乐，知足是福。我们专注于我们拥有的幸福，并不是就此安于现状，而是要以此为信念，长保信心和动力去追求更美好的生活。

有一个女孩，她站在台上，不时无规律地挥舞着她的双手。仰着头，脖子伸得好长好长，与她尖尖的下巴扯成一条直线。她的嘴张着，眼睛眯成一条线，诡谲地看着台下的学生。偶尔，她口中也会依依唔唔的，不知在说些什么。基本上她是一个不会说话的人。但是，她的听力很好，一旦对方猜中，或说出她的意见，她就会乐得大叫一声，伸出右手，用两个指头指着你，或者拍着手，歪歪斜斜地走到你身边，送给你一张用她的画制作的美丽的明信片。

她就是黄美廉，一位自小就染患“脑性麻痹”的病人。

脑性麻痹夺去了她肢体的平衡感，也夺走了她发声讲话的能力。从小生活在众多异样的目光中，她的成长充满了血泪。然而她没有让这些外在的痛苦，击败她内在奋斗的精神！她昂然面对，挑战一切的不可能。终于，她获得了美国加州大学艺术博士学位。她用她的手当画笔，以色彩告诉人“寰宇之力与美”，并且灿烂地“活出生命的色彩”。

全场的学生都被她失控的肢体动作震撼住了。这是一场倾倒生命，与生命相遇的演讲会。

“请问黄博士，”一个学生小声地问，“你从小就长成这个样子，请问你怎么看你自己？你都没有怨恨吗？”

老师心头一紧，心想：真是太不成熟了！怎么可以当着面，在大庭广众之下问这种问题？

“我怎么看自己？”黄美廉用粉笔在黑板上重重地写下这几个字。她写字时用力极猛，有力透纸背的气势。写完这个问题，她停下笔来，歪着头，回头看着发问的同学，然后嫣然一笑，在黑板上龙飞凤舞地写了起来：

一、我好可爱；

二、我的腿很长很美；

三、爸爸妈妈这么爱我；

四、上帝这么爱我；

五、我会画画，我会写稿；

六、我有只可爱的猫；

七、还有……

这时，教室内鸦雀无声。她回过头来看着大家，再回过头去，在黑板上写下了她的结论："我只看我所有的，不看我所没有的。"

掌声在学生群中响起。美廉倾斜着身子站在台上。满足的笑容，从她的嘴角荡漾开来。眼睛眯得更小了，一种永远也不被击倒的傲然，写在她脸上。

"我只看我所有的，不看我所没有的。"多么聪明的选择！当大多数幸运儿还在为一些小遗憾自怨自艾无法自拔的时候，不幸的人却清点自己已经拥有的，并且加倍珍惜。不是我们没有幸福，是幸福来得太容易冲昏了我们的头脑；不是我们没有快乐和自信，是我们缺少发现快乐和自信的眼睛。

生活中，我们没有人可以拥有所有的东西。如果总想着自己没有的东西，人生就会充满遗憾或无奈。像黄美廉这样，不看自己所没有的，只看自己所拥有的，珍惜我们已经拥有的一切，生活才不会被挫折击倒，我们才可以继续幸福而快乐地奋斗和求索。

记住教训，但忘记事情

我们可以想办法改善3分钟前发生事情所产生的结果，但无法改变所发生的事情。要让过去的错误对我们产生有建设性的影响，我们必须冷静地分析所发生的错误根源何在，从中吸取教训，然后把它彻底忘掉。

——摘自卡耐基《人性的优点·不要再去锯已被锯碎的木屑》

犯错误是每个人都会有的，有的错误很小，我们可能根本不在意，但有的错误非常严重，造成重大损失，这就可能在我们心底留下阴影。如果总是对过去的错误念念不忘，总是害怕自己会再犯下类似的重大错误，我们就可能会裹足不前，再也无法进步。其实，已经发生了的事情我们虽然无法改变，但我们却可以尽量改善这件事情所产生的结果。已经犯下的错误我们无法更改，但我们却可以从中吸取教训，减少将来再犯错的可能。

有的人“一朝被蛇咬，十年怕井绳”，犯了一次错误之后就不敢做事，以为不做才会不错。这样的想法实在是消极，也永远无法把犯错的阴影从心底驱除。就像阴影必须用光明来消除那样，我们犯过的错误也需要用成功来补救。

倪萍曾是中央电视台当家主持人之一，但是，倪萍在刚刚“出道”时，遭遇过一次重大的挫折。

在电视台举办的各种现场直播节目过程中，主持人遇到的最大困难是很多情况无法预料。因此，就会出现各种束手无策的情况，那种尴尬和无奈真是令主持人难堪。

1993年9月，中央电视台专门为几对金婚的老年朋友举办一期《综艺大观》。这些老年朋友都是我国各行各业卓有成就的科学家，其中有一位是我国第一代气象专家。

在直播现场，当主持人倪萍把话筒递到这位老科学家面前时，他顺势就接了过去。

对于直播中的主持人来说，如果把手中的话筒交给采访对象，就意味着失职，因为你手中没有了话筒，现场的局面你就无法控制，无法掌握了。更严重的是，对方如果说了不应该说的话，你就更加被动！但那时众目睽睽，她根本无法把话筒再要回来。

“我首先感谢今天能来到你们中央气象台！”这位老专家第一句话就说错了，全场观众大笑。倪萍伸出手去，想把话筒接回来，但老专家躲开了。后来倪萍又两次伸出手去，但老专家还是没给。于是，舞台上出现了倪萍和老专家来回夺话筒的情况。台下的导演急得老打手势，倪萍更是浑身出汗。

那时候，《综艺大观》是中央电视台的王牌节目之一，节目的收视率很高，所以，直播结束后，不少观众来信批评倪萍：“你不应该和老科学家抢话筒，要懂得尊重别人……”

倪萍认真地检讨了自己，她知道这是她作为节目主持人的失职。面对上亿观众，她绝对不应该抢话筒，更不应该随便打断别人的讲话，更何况是年轻人对长者。但观众们可能并不知道，直播节目的时间一分一秒都是事先经过周密安排的，如果这位长者占了太长的时间，后面的节目就没法连接了。

事情发生后，倪萍没有刻意去推脱责任，反而主动承担了这次失误。这对于刚进台不久的她来说，该需要怎样的勇气啊！接着，她仔细回忆了当时的情景，试图从中找出失败的原因。人不怕犯错误，就怕接连犯相同的错误。经过反复的思考和总结，倪萍得出了这样的体会：如果自己在直播前，能和这位长者多交流交流，了解他的个性，掌握他的说话方式，那天就不会出现尴尬的场了。

随着电视的迅速普及，观众对电视节目主持人的要求越来越高，批评也随之增多。倪萍对此都能正确地对待，她知道，只有接受批评，然后再丰富自己、勇于突破，她的艺术生命才会越来越长。相反，害怕批评，裹足不前，那么作为主持人，在失去观众的同时，最终也失去了自己。

倪萍后来的成功，充分地说明了这一点。

生活中，我们不仅要给自己“将功补过”的机会，对待别人的失误，也应该宽宏大量，允许他们想办法补救，唯有如此，之前所犯错误造成的损失，才没有白白浪费。

美国IBM公司有一位高级负责人，因为工作严重失误而造成了1000万美元的巨额损失。沉重的压力使他精神紧张，萎靡不振。许多人向董事长约翰·欧佩尔提出要对这位负责人革职开除，然而欧佩尔做出了出人意料的决定：他把这位负责人调任到同等重要的一个新职位。当这位负责人在董事长办公室被告知这个调任决定时，他忍不住问出了心里的疑惑：“董事长，我犯了如此重要的错误，您为何不把我开除或降职？”欧佩尔回答说：“先生，如果我那样处理的话，岂不是在您的身上白白地花费了1000万美元的‘学费’？”事实正如欧佩尔所料，在后来的工作中，这位负责人表现出惊人的毅力和智慧，为公司做出了卓著的贡献。

是什么让欧佩尔具有如此远见，为公司“创造”了人才？原来，欧佩尔相信，“只有一个方法，可以使过去成为有价值和建设性的经历，那就是镇静地分析我们过去的错误，因错误而获益，然后忘记错误。”

错误就像一块煤，不认识它的人会害怕它弄脏手而不愿去拈；懂得它的妙处的人，会吸取它的经验之火，而扔掉它无用的渣。

爱自己，就别去记恨

即使我们没办法爱我们的敌人，至少也应该多爱自己一点儿。我们不能让仇人控制我们的快乐、我们的健康以及容貌。

——摘自卡耐基《人性的优点·不要对敌人心存报复》

恨一个人，需要耗费我们很多的精力，甚至需要我们耗尽我们的青春和岁月，而得到的结果，仅仅是别人对我们相同的怨恨，和历经多年都无法磨灭的伤痛。

爱一个人，只需要我们将恩怨清空，只需要我们对敌人说一句“我原谅”，而得到的结果，却可能是曾经敌对的人对我们的感激与敬佩，是自己心灵的轻松与自由。

一个匈牙利的骑士，被一个土耳其的高级军官俘获了。这个军官把他和牛套在一起犁田，而且用鞭子赶着他工作。他所受到的侮辱和痛苦是无法用文字形容的。

那个土耳其军官所要求的赎金是出乎意外的高，这位匈牙利骑士的妻子变卖了她所有的金银首饰，典当了他们所有的堡寨和田产，他们的许多朋友也捐募了大批金钱，终于凑齐了这个数目。匈牙利骑士总算是从羞辱和奴役中获得了解放，但他回到家时已经病得支持不住了。

没过多久，国王颁布了一道命令，征集大家去跟敌人作战。这个匈牙利骑士一听到这道命令，再也安静不下来，他无法休息，片刻难安。他叫人把他扶到战马上，气血上涌，顿时就觉得有气力了，而后便向战场驰去。他把那位曾羞辱他、使他痛苦万分的将军变成了他的俘虏。

那个土耳其军官，被带到匈牙利骑士的堡寨里。一个钟头后，那位匈牙利骑士就出现了。他问这个俘虏说："你想到过你会得到什么待遇吗？""我知道！"土耳其人说，"报复！但是我怎样做你才能饶恕我呢？""一点也不错，你会得到报复！"骑士说。"上帝告诉我们爱我们的同胞，宽恕我们的敌人。上帝本身就是爱！所以放心地回到你的家里，回到你的亲爱的人中间去吧。不过请你将来对受难的人温和一些、仁慈一些吧！"这个俘虏忽然大哭起来："我做梦也想不到能够得到这样的待遇！我想我一定会受到酷刑和痛苦的折磨，因此我已经服了毒，过几个钟头毒性就要发作。我必死无疑，一点办法也没有！不过在我死以前，请再让我听一次这种充满了爱和慈悲的教义。它是多么的伟大和神圣！"

有人说，宽恕并不是给别人一条生路，而是给自己一条生路；不是释放别人，而是释放自己。不是吗？宽恕让我们的心从不能自拔的痛楚中挣脱出来，让自己的日子好过一些。当我们宽恕别人的时候，我们就不会感到自己和别人站在敌对的位置；我们也不会感觉到，生活中总是存在敌人，而没有朋友了。

如果我们对每一件事情都耿耿于怀，那么自然很难做到宽恕，更加难以做到的就是爱自己。生活并不是为了痛苦而继续的。人生苦短，难道在我们的生命里，那些伤害我们的人，竟然比我们自己，比我们的亲人朋友还重要吗？如果不是，我们就不该为了他们而放弃自己的快乐，不该为了他们而忘记关心我们的亲人和朋友，对吧？

还有人说，对待敌人的最佳报复，就是将他变成你的朋友。让那些伤害过我们的人，用友谊和真诚来补偿我们的伤痛，这样的疗伤方法，真是奇妙至极！

快乐源自乐观，悲凉因为消极

如果我们对事情有乐观积极的认识，我们当然就是快乐的。如果总是从消极的角度思考问题，看待生活，我们就会生活在悲凉的环境中。……我真正想提倡的是我们应该以积极的态度代替消极的想法。

——摘自卡耐基《人性的优点·在心中憧憬美好的生活》

生活中，我们能看到有些人常年保持愉快的心情，即使遇到糟糕的状况，他们也能很快从打击中站起来，重新让自己变得快乐。他们的这种神奇“本事”是从哪里得来的呢？其实很简单，他们只不过是抱着乐观的态度去看待周围的一切。

生活其实并不存在绝对的快乐与难过。任何事情，如果我们用乐观的心态去看待，都能从中发现快乐的因素；如果我们用消极的心态去看待，难过就会如影随形。

有一对双胞胎，他们虽然长相极其相似，但秉性却迥然不同。若一个觉得下雪天太糟糕了，另一个会觉得下雪天可以堆雪人了。若一个说电视声音太大，另一个则会说根本听不到。一个是极端的乐观主义者，而另一个则是不可救药的悲观主义者。

一日，父亲为了观察双胞胎儿子们的反应，就在他们的生日的时候，在悲观的儿子的房里堆满了各种各样新奇好玩的玩具及电子游戏机，而在乐观的儿子的房里则堆满马粪。

晚上，他们的父亲走过悲观儿子的房间，发现他坐在一大堆新玩具中间伤心地哭泣。“好儿子，怎么了，你为什么哭呢？”父亲不解地问道。“我现在有这么多的玩具，那些伙伴们肯定嫉妒得要死。我还要读那么多的使用说明才会玩这些玩具。另外，这些玩具总是不停地要换电池，而且最后全都会坏掉的！”

走过乐观儿子的房间，父亲发现他正在马粪堆里快活得手舞足蹈。“咦，你屋里都是大粪，你高兴什么？”父亲惊奇地问道。这位乐观的儿子兴奋地答道：“我能不高兴吗？你瞧瞧这马粪，我敢说附近肯定有一匹俊俏可爱的小马！”

拥有一大堆新玩具是一件快乐的事情，可是悲观儿子却因此伤心哭泣，因为他总想着那些烦恼的问题；面对房里的马粪，乐观的儿子竟然快活得手舞足蹈，因为他联想到了可爱小马的存在。可见快乐不是别人给予的，它来自内心，是我们自己给自己的奖励。

任何人都希望生活在快乐、光明的氛围里，不愿意生活在悲凉、阴郁的环境中。因此，我们要学会寻找快乐的理由。不管我们的命运是否被上天公平对待，不管我们的前方有多少不同的选择，只要我们懂得为自己的生活增添色彩，我们就能为自己的人生添加明亮的光线，添加愉快的笑声。

派蒂·威尔森在年幼时就被诊断出患有癫痫。她的父亲吉姆·威尔森习惯每天晨跑，有一天派蒂兴致勃勃地对父亲说：“爸爸，我想每天跟你一起慢跑，但我担心中途会病情发作。”她父亲回答说：“万一你发作，我也知道如何处理。我们明天就开始跑吧。”

于是，年少的派蒂就这样与跑步结下了不解之缘，和父亲一起晨跑是她一天之中最快乐的时光。跑步期间，派蒂的病一次也没再发作。

几个礼拜之后，她向父亲表达了自己的心愿：“爸爸，我想打破女子长距离跑步的世界纪录。”她父亲替她查吉尼斯世界纪录，发现女子长距离跑步的最高纪录是80英里。

当时，读高一的派蒂为自己订立了一个长远的目标：“今年我要从橘县跑到旧金山（400英里）；高二时，要到达俄勒冈州的波特兰（1500多英里）；高三时的目标到圣路易市（约2000英里）；高四则要向白宫前进（约3000英里）。”

虽然派蒂的身体状况不是很好，但她仍然满怀热情与理想。对她而言，癫痫只是偶尔给她带来不便的小毛病。她从不因此消极畏缩，相反地，她更珍惜自己已经拥有的。

高一时，派蒂穿着上面写着“我爱癫痫”的衬衫，一路跑到了旧金山。她父亲陪她跑完了全程，做护士的母亲则开着旅行拖车尾随其后，照料父女两人。

高二时，她身后的支持者换成了班上的同学。他们拿着巨幅的海报为她加油打气，海报上写着：“派蒂，跑啊！”但在这段前往波特兰的路上，她扭伤了脚踝。医生劝告她立刻中止跑步：“你的脚踝必须上石膏，否则会造成永久的伤害。”

她回答道：“医生，你不了解，跑步不是我一时的兴趣，而是我一辈子的至爱。我跑步不单是为了自己，同时也是要向所有人证明，身有残缺的人照样能跑马拉松。有什么方法能让我跑完这段路？”

医生表示可用黏合剂先将受损处接合，而不用上石膏。但他警告说，这样会起水泡，到时会疼痛难耐。派蒂二话没说便点头答应。

派蒂终于来到波特兰，俄勒冈州州长还陪她跑完最后一英里。一面写着红字的横幅早在终点等着她：“超级长跑女将，派蒂·威尔森在17岁生日这天创造了辉煌的纪录。”高中的最后一年，派蒂花了4个月的时间，由西岸长征到东岸，最后抵达华盛顿，并接受总统召见。她告诉总统：“我想让其他人知道，癫痫患者与一般人无异，也能过正常的生活。”

快乐是埋藏在每个人心底的宝藏。拥有乐观的心态，我们就拥有了揭示快乐隐身之地的藏宝图，只要不停止挖掘，必能收获快乐。派蒂虽然患有癫痫，但她对生活的乐观心态让她超越自身的弱点，克服外界的困难，在不断地追求之后，最终拥有了成功的喜悦和幸福。

人们常说，人生是一次单程旅行，不会有走第二次的机会。我们如果想让自己的人生之旅更有意义，更加多姿多彩，就应该倍加珍惜这个弥足珍贵的机会，尽早用乐观的心态去发掘路途上的快乐与幸福。

健康胜过财富，幸福源于满足

我情愿做一个在阿拉巴马州租田耕种的农夫，闲时能在膝上弹拨五弦琴，也不愿意在不到45岁时，就为了要管理一家铁路公司或烟草公司，而毁掉自己的健康。

——摘自卡耐基《人性的优点·忧虑能危及生命》

泰戈尔曾说：“鸟翼上系上了黄金，这鸟便永不能再在天上翱翔了。”可是真正能够参透这一点的人并不多。

我们现在虽然还是学生，可心里也许早已有了宏图大计，规划着读完书走上社会以后，要怎样一步一步地去汇聚财富。我们也许会想，一定要趁着年轻力壮精神好的时候，夜以继日地拼命工作，这样才有希望得到尽可能多的财富。

可是，正如智者所说，一个人吃不过三餐，睡不过一张床，要那么多的财富，除了炫耀之外，其实毫无用处。只为了没多大意义的炫耀，就要付出对自己来说至关重要的健康为代价，这个交易多不划算啊。所以，如果我们的心里真的有一幅蓝图，要用健康为代价去获取财富的话，是不是很傻呢？是不是应该再仔细掂量掂量这两者的等价关系？

汤普森急救中心是伦敦一家著名医院。在中心接待大厅的显眼处，铭刻着这样一句话：“你的身躯很庞大，但你的生命需要的仅仅是一颗心。”说这句话的是美国好莱坞影星利奥·罗斯顿。

1936年，利奥·罗斯顿在英国演出时因心脏衰竭被送进了医院。抢救他的医生使用了当时最先进的药物和医疗器械，遗憾的是仍然没有能挽救他的生命，于是，一颗艺术明星从此陨落了。

为收获财富而不得不进行的长期工作让利奥·罗斯顿付出了健康的代价，再加上他身体肥胖，很容易就患上了心血管方面的疾病。“你的身躯很庞大，但你的生命需要的仅仅是一颗心”是他临终时的遗言。这家医院的院长、著名的胸外科专家哈登为之黯然垂泪。为了警示后人，他决定将利奥·罗斯顿的遗言镌刻在医院的接待大厅墙壁上。

美国石油大亨默尔后来也住进了这家医院。他在为生意奔波的途中患了病，无独有偶也是心脏衰竭，但他的运气却比罗斯顿好得多，一个多月后，他便病愈出院了。

出院后，他没有再回生意场上去搏杀，而是将自己几十亿资产的公司卖掉，所得款项捐给了社会慈善和卫生事业，自己则住到苏格兰的乡下别墅里开始颐养天年。

1998年，80高龄的默尔在参加汤普森急救中心百年庆典时，有记者问他：当初为什么要卖掉自己的公司？

他神采飞扬地指着刻在大厅里的那句话说：是利奥·罗斯顿提醒了我。

在默尔的传记里有这样一句话：“巨富和肥胖并没有什么两样，不过是获得超过自己需要的东西罢了。”

是的，过多的财富并不是我们的生命所需，更不是我们的身体所需。我们身体所需的是健康，我们生命所需的是懂得满足的幸福。所以，为了获得无尽的财富而营营役役，不如根据实际情况给自己设定一个满足的点，努力让财富达到这个点后，就尽情享受满足的快乐。

和众多退休老太太一样，罗大妈也是个乐呵的人。

早晨，楼下的小公园里，伸伸腿，弯弯腰，扭扭秧歌，哼哼小曲，踢起毽子还是矫健无比。做完这些，早早准备顿像模像样的中饭，吃完休息一下，然后就去打麻将了。夕阳西下，再收起心，愉快地回到家，洗漱完毕，看看电视，日子就这样淡定从容地流过……

一次，罗大妈的女儿回家探望母亲，又让母亲电话通知了几个老牌友，一桌麻将就成了。当女儿安静地坐在母亲身边，看着她们搓麻将的时候，阿姨们就开始表扬这个孝顺的女儿，直夸罗大妈有福气。罗大妈就只是微微地笑。而女儿一边看，一边就和母亲东一搭西一搭地闲聊。

“妈，你买彩票了吗？”

罗大妈皱起了眉，反问：“为什么买彩票？我已经很幸福了呀，干吗还买？”

罗大妈的话让女儿感觉惊讶，这是什么逻辑啊？

“妈妈，买不买彩票和幸福有什么关系啊？”

“小妹呀，你忘了吗？你不是常常说，上天待每一个人都是很公平的吗？他在这里多给一点，就会在那里少给一点。你看，我有你这么乖的女儿，你的哥哥姐姐又都那么孝顺我，我也不缺钱花，你在天堂的父亲又保佑我身体健康，我不是很幸福了吗？老天给了我那么多，他还会再让我中奖吗？我觉得不会了，小妹，万一妈妈中了奖，老天会不会把我的幸福要回去一些呢？”

罗大妈的一席话，让女儿惭愧得无地自容。想母亲乃一旧式女子，读书不多，却深谙幸福之道，而身处高度文明社会的众生，却常常被烦闷痛苦缠绕，又是何故呢？

罗大妈坚决不买彩票，自然有她的道理，因为她觉得自己够幸福了。

如果我们不懂得好好珍惜眼前的幸福，而妄自将心力投掷于不可预知的企盼，有朝一日，说不定真要将自己眼前的幸福推落至万劫不复的深渊呢！那岂不是真像母亲说的“老天就要把幸福要回去了”？

正所谓“知足常乐”“人心不足蛇吞象”。幸福其实很简单——幸福就是淡定从容，幸福就是适时的满足。

有一个商人在做了两年的生意后，不仅赔光了所有的积蓄，而且还债台高筑，花了7年的时间才还清这些债务。他在生意关门后的某一天，准备去找人借点钱，以便去另一个城市找份工作。当时，他已经完全丧失了斗志和信心，像一个一败涂地的人那样在路上走着。他认为他是这个世界上最不幸的人，因而表情始终阴郁。

正在这时，商人的对面来了一个没有腿的人，他坐在一个小木板平台上，下面装着从溜冰鞋上拆下来的滑轮。残疾人双手各抓着一块木头，撑着地滑过街来。当商人看到他的时候，他刚好过了街，正想把自己抬高几寸以便上到人行道上。就在他翘起那小木板车子的时候，他的目光与商人的目光相对。他对商人咧嘴一笑，很开心地说："你好啊先生！早上天气真好，不是吗？"

商人刹那间震惊了——残疾人已经失去双腿了，可他的脸上却是一脸幸福的满足感。而自己呢？有健全的双腿，能走路，可却整日里挂着一副阴沉沉的脸孔！商人开始为自己感到羞耻，他在那一刻对自己说：知足吧，你已经获得很多了！即便你想再获得多一点，也绝不能是现在这种死气沉沉的状态的！

此后，这位商人重新鼓起了生活的勇气，以淡定从容、积极乐观的心态去追求自己的一个又一个幸福，实现自己的一个又一个满足。

拥有发现美的眼睛

你我不该惭愧吗？我们一直生活在美丽的世界中，却什么都没有看见，不知道去珍惜、去享受。

——摘自卡耐基《人性的优点·盘点你的幸福》

生活中，我们常常抱怨身边缺乏美好的事物。虽然社会上经常会流传一些感动中国或者感动世界的事迹，可是我们总觉得它们太遥远，难有真实感。生活真的是这么缺乏美好吗？我们身边就真的没有可以令我们感动的事情吗？

罗丹说过："生活中不是缺少美，而是缺少发现美的眼睛。"我们的身边自然也不缺乏美丽的、感动的事物，只是我们都没有发现它们而已。

有个青年，厌倦了生活的平淡，感到日常生活是那样得无聊和痛苦。为寻求刺激，青年参加了挑战极限的活动。活动规则是：一个人待在山洞里，无光无火亦无粮，每天只供应5千克的水，时间为整整5个昼夜。

第一天，青年颇觉刺激。

第二天，饥饿、孤独、恐惧一齐袭来，四周漆黑一片，听不到任何声响。于是他有点向往起平日里的无忧无虑来。

他想起了乡下的老母亲不远千里地赶来，只为送一坛韭菜花酱以及小孙子的一双虎头鞋。他想起了终日相伴的妻子在寒夜里为自己掖好被子。他想起了宝贝儿子为自己端的第一杯水。他甚至想起了与他发生争执的同事曾经给自己买过的一份工作餐……渐渐地，他后悔起平日里对生活的态度来：懒懒散散，敷衍了事，冷漠虚伪，无所作为。

到了第三天，他几乎要饿昏过去。可是一想到人世间的种种美好，便坚持了下来。第四天、第五天，他仍然在饥饿、孤独、极大的恐惧中反思过去，向往未来。

他责骂自己竟然忘记了母亲的生日；他遗憾在妻子分娩之时未尽照料义务；他后悔听信流言与好友分道扬镳……他这时才觉出需要他努力弥补的事情竟是那么多。可是，连他自己也不知道，他能不能挺过最后一关。此时，泪流满面的他发现：洞门开了。阳光照射进来，白云就在眼前，淡淡的花香，悦耳的鸟鸣——他又迎来了一个美好的人间。

青年扶着石壁蹒跚着走出山洞，脸上浮现出了一丝难得的笑容。5天来，他一直用心在说一句话，那就是：生命是上天赠给我们的美意，活着才是幸福。

生活中美好的事情并不像牡丹、玫瑰那样，开得富丽娇艳，引人注目，它们更多的是像满天星那样，细小而不起眼，但有心人把它们聚拢起来，就会发现它们可以给人震撼的美。这位厌倦生活的青年，目光都被抢夺视线的纠葛、苦痛、伤害、低迷等事情占据，故看到的生活里只有烦恼而没有幸福。其实，幸福一直散布在生活的琐碎小事之间，那些纯纯的亲情、友情，那些被忽视的陌生人的好意和大自然的馈赠，它们都是幸福的来源。

有一句话叫“杯空水满，境随心转，笑由心生”。我们很多人都看不到生活的美好，是因为我们都习惯了用向上的视角去看半杯水——还有一半是空的，就会不甘不满足。而如果我们试着用向下或平视的角度去看这半杯水，我们就会想：哦，它有一半是满的，真好，已经足够了。所以，让生活变得美好的办法，不需要学上面故事中的青年去挑战极限，我们只需要让自己的目光看到已经拥有的“半杯水”就可以了。

曾有一段时间，王敏君感觉日子特别无聊，枯燥乏味，她真的不知道要怎么做，才能让日子变得美好。

那天，又是一个无聊的日子，王敏君在广播上听到一位主持人说，她习惯在床头放一本日历，然后在日历上把每个亲人、好友的生日，一年所有的节日都圈出来，并在旁边备注。每当早晨一起床，她就会告诉自己，今天有某个人需要我去祝福，是一个开心的日子，或者今天有个特别的日子等着我过，是一个幸福的日子。这样，一年虽然有365天，但在日历上细数一下，画上圈的日子就有200多天，就算有某天不开心也不需担心，因为，不快乐的终会过去，未来还有许多美好的日子在等待着我。

听完之后，王敏君当即决定效仿，回家后立即把书桌上的那本日历挪到了床头，并开始画圈。

先圈生日，可除了最亲近的亲人和朋友外，其他人的生日她一概不知。王敏君开始主动联系他们，今天给这个亲戚打个电话问问近况，明天给那个朋友在网上留句言送个祝福，虽然这些都是动动手和动动嘴的事，可每听到亲戚朋友们的感谢和祝福声时，她的心里总能感到特别快乐。

从此王敏君那本日历上的圈圈越来越多，但一眼望去，仍旧有许多空白，早晨起床看到没画圈的数字时，心里仍会有一种失落。

正愁着无计可施时，王敏君的儿子突然在一天晚上临睡前，第一次给她完整复述了一个很长的故事，王敏君很惊喜他的长大和记忆力，也感觉特别难忘，所以忍不住在日历上简单地记了一句话：儿子第一次给我讲故事，欣喜！还有，老公出差第一次给她带礼物回来，虽然不是很实用，但她仍旧感到满足，毕竟他的心里想着自己，于是，王敏君在日历上又写了一句简短的话：老公出差第一次送我礼物，开心！

王敏君在日历上又圈又写，圈出了开心快乐，画上了温暖幸福，写出了感动有趣，所以现在这本日历已经写得密密麻麻。从那以后，王敏君的生活充满了幸福的昨天和让人期待的明天，即使要面对挫折她也不惧怕，因为她已经明白：只要热爱生活，日子就一定会美好！

生活是一面镜子，它只会如实地反映，而不会随意篡改。我们身边一直有很多人在为我们制造美好，生活并没有把它们抹去，所以，我们需要的只是擦亮眼睛，发现它们。

学会感恩

别指望别人感恩了，假如我们偶尔得到别人的感激，就是生活给我们的一件惊喜。如果没有，也不必难过。

——摘自卡耐基《人性的优点·施恩不图报》

卡耐基说："忘记恩惠乃是人的天性。"泰戈尔也曾说过："干的河床并不感谢它的过去。"确实，生活中的确有许多不懂得感恩的人。他们无论被命运赐予了什么，还总觉得自己所拥有的稀松平常；无论别人为他们做了什么事，都认为那是应该的。别人对他们好，他们觉得是理所应当的，因此不会感恩；别人对他们不好，他们更会忿忿不平，满腔怨气，认为全世界都对不起他们。

不懂得感恩的人对天气、对环境、对人都不满意，在这个世界上，好像没有一个人、一件事是他们需要感激的，总是处在怨恨的情绪之中。这样的人觉得自己总是不走运，自己所拥有的东西都是糟糕的，没有价值的。

一位大学教授外出办事，由于时间紧迫，他叫了一辆出租车。为了了解社会，他就和司机聊了起来："最近生意好吗？""糟透了！"司机说，"油价疯涨，政府光说补贴就是不见动静，这生意真是没法做了！哪像你们整天那么悠闲，钱还不少拿！"教授只好换个话题："噢，你的车坐着挺舒服的。"司机却立刻打断了他："舒服？让你一天坐12个小时试试！"

教授的心情也很受影响，他不愿再和这位司机说话了。

心理学家指出，在人际交往中，情感是双向流动的，爱的能量是不断流动着的美好感情的汇聚。不懂得感恩的人的情感通道被抱怨堵塞，心灵处于封闭的状态，生命的能量在抱怨中一点一点地消耗枯竭。这样的人以自我为中心画地为牢，他的生命之树会停止成长，甚至过早地凋谢，他的生命长河也会因裹挟太多的泥沙而无法流动。

不难看出，这位不停抱怨的司机，正如心理学家所描述的那样，其生命色彩正在一点一点地消退。当我们遇上这样的人，我们应该做好心理准备，不要指望他们会懂得感恩。我们应该怜悯他们不懂得感恩的可悲。

不过，别人不懂得感恩，并不能阻止我们要学会感恩。我们无论处在何种境地，都应该坚持抱有感恩的心态，因为这样做是对我们有益的。

一个懂得感恩的人，经常可以体会到生活的馈赠：一粥一饭虽然平凡而简单，如能想到它们的来之不易，我们就会感谢这是生活独特的赐予。下雪了，我们会感谢这个晶莹的世界；下雨了，我们会感谢这份清新的滋润；出太阳了，我们会感谢阳光的普照……懂得感恩，我们就会发现许许多多别人看不到的惊喜，我们会比别人看到更多生活的美，我们的脸上会比别人写上更多的欢乐，我们的美好心情会让许多人无比羡慕。

如果我们不知道应该怎样做才算学会了感恩，那么让我们继续看前面那位大学教授的故事吧，他遇到的第二位出租车司机就深谙感恩的真谛，我们可以向她取取经。

办完事，在回程路上，教授本不想打车，无奈时间紧张，只好招手又叫来一辆“的士”。这次是个女司机，一脸灿烂的笑容，用轻松愉快的声音问：“您好，请问您去哪儿？”教授也被她的微笑感染了，不由问道：“看来你今天心情不错？”女司机笑着说：“我天天都是这样。快乐也是一天，烦恼也是一天，为什么不快乐呢？”教授又问：“听说最近出租车行业不景气，油价也涨了。对你们收入有影响吧？”“影响当然有一点，”女司机说，“可要看怎么说了，比起那些下岗、失业的人，我们尽管辛苦点，日子过得还不错，我也知足了。”

“你天天这么辛苦，怎么还挺开心呢？”教授对这个女司机的好心态发生了兴趣，他进一步追问道。她说：“其实也没那么辛苦，当成顾客付钱、自己出来兜风，感觉不就好多了？我就是这么想的，所以总是感谢顾客给我的机会，尽心尽力服务好。现在，我每月至少三分之一的顾客都是回头客。”

快到目的地时，女司机的手机响了，听得出来，是位老顾客要去机场。

感恩之心是一颗美好的种子，把它种在心田，灌溉成长，就可以给他人带来爱和希望，也给我们自己带来收获！我们可以数一数人生中那许许多多的甜美“果实”：呱呱坠地，是父母赐给了我们机会，让我们可以领略人世的一切精彩；踏入学校，是老师教导我们，让我们领略知识的宏伟博大；阳光明媚的早晨，新的一天在向我们招手，带给我们新奇的遐想；星光静谧的夜晚，温柔的夜色为我们造梦，让我们回味一天的美好……栽种了感恩的种子，所有的人、事、物都能结出甜甜的果子，冲淡其他果子的酸涩苦辣。

如果我们能感恩、知足，生活就会呈现满足的幸福，这样我们便可以天天都活在快乐的世界。感恩是一种处世哲学，是生活中的大智慧。我们不能勉强别人去爱惜它，但我们可以自己去培养它，珍惜它，享受它。

学做会弯曲枝条的常青树

这些常青树都知道如何适应冰雪的压力，如何弯曲枝条，去适应不可改变的环境。

——摘自卡耐基《人性的优点·直面无法避免的事实》

日本的柔道大师常常告诫学生“要像杨柳一样的柔韧，不要像橡树一样挺直”。因为当狂风大作时，柔韧的杨柳能够随风摆动而不受伤，挺直的橡树却可能因为不肯弯曲而被拦腰折断，或者连根拔起。人要像杨柳一样的柔韧，是因为生活中不可避免会有些压力像风雪一样地迫人，面对它，不一定是要以硬碰硬，也可以是暂时弯曲自己，以柔克刚。

加拿大的魁北克有一条南北走向的山谷。山谷没有什么特别之处，唯一能引人注意的，是它的西坡长满松、柏、女贞等树，而东坡只有雪松。

这一奇异景观是个谜，许多人想探究个所以，但一直没有找到令人满意的结论。最后揭开这个谜的，竟是一对夫妇。

那是1983年的冬天，这对夫妇的婚姻正濒于破裂的边沿。为了重新找回昔日的爱情，他们打算进行一次浪漫之旅，如果能找回爱情就继续生活，如果不能就友好分手。他们选择的地点正是这个山谷。他们刚到这里，天空便下起了大雪。他们支起帐篷，望着满天飞舞的大雪，发现由于风向的缘故，东坡的雪总比西坡的雪来得大，来得密。不一会儿，雪松上就落了厚厚的一层雪。不过当雪积到一定的程度，雪松那富有弹性的枝丫就会向下弯曲，直到雪从枝上滑落。这样反复地积，反复地弯，反复地落，雪松完好无损。西坡由于雪小，总有些树挺了过来，所以西坡除了雪松，还有柘、柏之类。

帐篷中的妻子发现了这一景观，对丈夫说："东坡肯定也长过杂树，只是不会弯曲才被大雪摧毁了。"

丈夫点头称是。少顷，两人像突然明白了什么似的相互吻着拥抱在一起。

丈夫兴奋地说："我们揭开了一个谜——对于外界的压力要尽可能地去承受，在承受不了的时候，学会弯曲一下，像雪松一样让一步，这样就不会被压垮了。"

确实，他们不只揭开了山谷雪松之谜，更揭开了一个人生之谜。

弯曲不是怯懦的退缩，而是一种逆境求生的智慧与获得和谐生活的人生艺术。萧伯纳曾说："明智的人使自己适应世界，而不明智的人坚持要世界适应自己。"所谓不明智的人，就是那些不懂得弯曲的人，不会"柔"的人。他们偏激地坚持自己认为对的事情，不愿为了适应环境而适当变通，总是"不撞南墙不回头"，甚至"撞了南墙也不回头"。他们的偏激往往让人无法接受，他们以为这样就是在坚持自己的理念，自己就是一个有原则的人，殊不知这样的举动常常会导致失败，更会破坏人与人之间相处的和谐。

自古以来，许多人不愿"柔"，不会"柔"，认为"柔"就是认输，其结果恰恰是导致自己输了。例如不肯过江的项羽，就输给了在鸿门宴上肯低头的刘邦。

不过，生活中更多的是输了也不承认的人。他们一味地追求赢，却不懂得，暂时的认输，像柔韧的枝条在积雪压迫下弯曲自己，其实是在积蓄力量，是在扬长避短，这么做，最终是可以换来更大胜利的。

赵大爷在院门口摆了一个棋摊，他立下一个规矩，凡输了的，不输金不输银，但必须说一句"我输了"。不说也可以，但必须从他那1米来高的棋桌下钻过去，以示惩罚。既然是楚河汉界，就要分个胜负，这不奇怪。奇怪的是有些人宁愿钻桌子，也不愿认输。

赵大爷嗜棋如命，棋艺也高，只有别人向他拱手认输，他却从未开口说过"输"字。一日，有一位棋友，慕赵大爷高名，前来对弈。赵大爷第1次遇到了对手，一连3局，赵大爷都输了。每次输后，他总是黑着脸，一句话也不说，就从棋桌下钻过去。

后来有人问赵大爷：“你这是何苦呢？说一声输了，不就得了，为什么要钻桌子。”

赵大爷把脖子一拧：“这‘输’字能轻易说的么？你就是砍了我的头，我也不会说的。”

古人说：上善若水。善治水者当因势利导，方绵绵流长。水遇到阻塞时，并不盲冲直撞，而是暂停自己的脚步，等待厚积薄发的机会。我们在生活中遇到压力和障碍时，也应该学习水的忍耐和变通，不要只懂得“勇往直前”，拣着一条道儿就一定要走到底。适时承认挫折，明智地绕过暗礁，避凶趋吉，可以让我们更快地抵达成功的彼岸。

当然，在处事的时候学会“柔”，学会弯曲，并不是说要从此丢掉自己的骨气。杨柳的枝条不管被风吹得多高多远，它始终连结在树根上；水不管遭遇多少污秽和阻塞，始终以洗涤万物为己任。我们学习“柔”，是以内心的刚强为前提；我们学习弯曲，是以最终的挺直为目的。

美好的东西要及时享用

有这样一句话："人的本性是明天可以吃果酱，昨天也可以吃果酱，但今天不准吃果酱。"我们大多数人也是如此，总在为了明天和昨天的果酱忧心忡忡，却不肯为今天吃的面包涂上一层厚厚的果酱。

——摘自卡耐基《人性的优点·生活在"完全独立的今天"》

很多人都有这样一个习惯，得到一样好东西，就会把它仔细地珍藏起来，总想着等到某个特别时刻才享用它。比如小时候难得有零食吃，哪天幸运地得到了一颗糖，就会特别珍视，舍不得立刻把它吃掉。

美好的东西就像人生，当我们拥有的时候，就应该好好享用，不要收藏。这是一位记者采访钢琴大师鲁宾斯坦时，大师临别送给他一盒上等雪茄时所说的话。

好东西为什么一定要及时享用呢？作为习惯储蓄的东方人，这是我们经常想不明白的。因为我们知道有些东西是不会变质的，比如黄金、风景、才华，这些东西的价值都是恒久不衰的，过早享用了它们，我们反而要担心以后难以为继。

好东西之所以要及时享用，第一个原因就是人心善忘。我们在生活中应该都有过这样的经历，得到一件非常宝贝的东西，我们珍而重之地将它藏起来，平时都舍不得拿出来看看，结果过了一段时间，我们竟然忘了自己曾经有过这么一件宝贝。

一位到新加坡游览了两个星期的外地朋友，在临别晚宴上，谈起新加坡的名胜，如数家珍。唐城、虎豹别墅、飞禽公园、植物园、中央公园、范克里夫水族馆、光明山普觉禅寺、双林寺、天福宫、鳄鱼园、动物园、圣淘沙、乌敏岛、圣约翰岛、龟屿、晚晴园、和平纪念碑，等等，都印上了他清晰的足迹。

一位新加坡本地人在一旁静静地听着，越听越惭愧。这个外地朋友眉飞色舞地描绘着的好多名胜，寻幽探秘的好多岛屿，都是他足迹未及的。

不是因为缺乏寻访探究的好奇心，只是因为这些名胜地都近在咫尺，就像是握在掌心里的东西一样安全牢靠。心里老想：又飞不掉，急什么嘛！这样无意识地一日拖一日，一年拖一年。最最糟糕的是，不去、不看，心里居然也没有任何遗憾的感觉。

许多美好的风景，如果不能像这位外地朋友那样走访欣赏的话，就会成为我们生活的背景，虽然衬托了我们，可是我们已经忘了它们的存在。

好东西之所以要及时享用，第二个原因就是因为快乐无法保存。我们把某样东西珍藏，其实是为了把享用时的那份快乐心情珍藏。可是，换了个时间，换了个地点，换了些人，同样的东西并不一定能带来同样的快乐。

从前有个富翁，他对自己地窖里珍藏的葡萄酒非常自豪。窖里保留着一坛只有他才知道的、在某种场合才能喝的陈酒。

州府的总督登门拜访。富翁提醒自己说："这坛酒不能仅仅为一个总督启封。"

地区主教来看他，他自忖道："不，不能开启那坛酒。他不懂这种酒的价值，酒香也飘不进他的鼻孔。"

王子来访，和他同进晚餐。但他想："区区一个王子，喝这种酒过分奢侈了。"

甚至，在他儿子结婚那天，他还对自己说："这些客人的身份与这坛酒不符，不能给他们喝。"

一年又一年过去了，那坛酒一直被很好地保存着，等待最适合的人喝。终于，富翁死了。

下葬那天，陈酒坛和其他酒坛一起被搬了出来，被左邻右舍的农民统统喝光了。谁也不知道这坛陈年老酒的久远历史。对他们来说，所有倒进酒杯里的酒都是一个味儿。

快乐无法保存，因为快乐会变质，就像小时候舍不得吃而藏起来的糖，到最后会融化掉，糊了我们一手，让我们不仅失望，甚至还可能觉得恶心。

好东西应该及时享用的第三个理由，是因为生活的每个时刻都是特别的。我们总是等待一个特别的时刻才享受美好的东西，可是这个特别的时刻有可能永远不会出现。如此，那些我们等待的漫长时间，竟是被我们白白辜负了的。

多年前，一位男士跟悉尼的一位同学谈话。那时这位同学的太太刚去世不久，他告诉男士说，他在整理他太太东西的时候，发现了一条丝质的围巾，那是他们去纽约旅游时，在一家名牌店买的，那是一条雅致、漂亮的名牌围巾，高昂的价格标签还挂在上面。他太太一直舍不得用，她想等一个特殊的日子才用。讲到这里，他停住了，男士也没接话，好一会儿他才说："再也不要把好东西留到特别的日子才用，你活着的每一天都是特别的日子！"

"活着的每一天都是特别的日子！"说得真好！人生是我们的，人生里的每分每秒都是我们的，对于我们来说，难道它们不都是特别的，都是珍贵的吗？把好东西留给某个特定时刻，是对自己的时间存在偏心，不能一视同仁，往往都不会带来好的结果。

第7种积极心态：

心中充满爱，
世界便美好

“只享受付出时的快乐”

要追求真正的快乐，首先就必须抛弃他人会不会对你感恩的念头，这种快乐的秘诀在于，只享受付出时的快乐。

——摘自卡耐基《人性的优点·施恩不图报》

怎样的生活才是最快乐的?

很多人可能会以为，能够随心所欲，心里的所有欲望都得到满足，这样的生活就是最快乐的。然而错了，物质的满足往往会造成心情的倦怠，反而使我们愈加不快乐。相反，每天给别人做一件善事，帮助别人满足他们的需求，我们的生活会因此变得充满意义，因而，这样的生活或许才是最快乐的生活。

所以，我们应该相信：最快乐的生活，不是我们每天能够得到多少，而是我们每天能够付出多少。

从前有个国王，他有一个宠爱至极的儿子。这位年轻的王子没有一项欲望不能得到满足。他父王的钟爱与至高无上的权力，可以使他得到一切想要的东西。然而他仍然常常紧锁眉头，很不快乐。

有一天，一位魔术家走进王宫，对国王说，他有办法能使王子快乐，可以把王子的忧虑变作笑容。

国王很高兴地对他说：“假如你真能办成这件事，那你所要的任何赏赐，我都可以答应。”

魔术家将王子带进一间密室，用白色的东西，在一张纸上涂了些笔画。他把那张纸交给王子，嘱咐他走入一间暗室，然后燃起蜡烛，注视着纸上呈现出的东西。说完，魔术家就走了。

这位年轻的王子遵命而行。在烛光的映照下，他看见那些白色的字迹化作美丽的绿色，然后变成了这样的几个字：“每天给别人做一件善事！”

王子遵从魔术家的劝告去做，不久，他就成了全国最快乐的少年。

亚里士多德说：“懂得人生的人，理想境界是享受助人的快乐。”王子能够变成全国最快乐的少年，就是因为他学会了助人。

可是，生活中，我们也经常助人，为什么还是会经常感到不快乐呢？

原来，这是因为我们在寻找快乐的过程中犯了一个小小的错误。

我们虽然也总是乐于助人，可是这个“乐”常常是因为我们得到了所助者的回报。如此，把快乐寄托在别人的感恩上，而不是单纯寄托在给予的善行中，那么当别人没有如期望中感恩时，我们的快乐就会大打折扣，甚至得到的不是快乐而是怨恨。

给予即是真正的快乐，这种快乐是不要求回报的，它以我们能给别人送去快乐为荣。

圣诞节快到了，儿子放学回到家，告诉妈妈他想为班里的每一个同学做一份礼物。

妈妈的心有些难过，她发现，每次放学回家，儿子总是一个人孤零零地走在最后面，他的同学们说着笑着一起回家，可从来没有一个人注意到儿子的孤单。

尽管如此，她还是决定满足孩子的心愿。她买回了做卡片的硬纸、胶水和彩色蜡笔。一连3个星期，儿子费尽辛苦做好了35张精美的卡片。

圣诞节终于来了，儿子别提有多高兴了，早上起床他小心翼翼地把卡片叠好，放进一个袋子里，飞快地跑出了家门。

妈妈决定为他烤他最爱吃的甜饼，准备在他放学回家的时候，把这些美味可口、热气腾腾的甜饼连同一杯牛奶一起端放在餐桌上。妈妈想到儿子可能在节日来临时什么礼物都得不到，不禁感到心痛。

下午，妈妈把甜饼和牛奶端到桌上。

一听到孩子们的声音，她就向窗外望去。是的，孩子们放学回家了，而儿子依旧走在后面。妈妈注意到孩子的手里空空的，一件礼物也没有。

儿子推门进来了，她赶紧擦掉脸上的泪水。

“妈妈给你准备了甜饼和牛奶。”她说。

可孩子却好像没有听见，只是继续大步走过她的身旁，脸上放着光，嘴里不停地说着：“一个也没有，一个也没有。”

最后，儿子拉住妈妈的手说：“妈妈，我把自己的卡片全部送给了同学，一个也没有忘记，一个也没有落下！”

像这个孩子一样，只享受付出的快乐，而不要求别人的感恩和回报，不去期望在我们付出的时候对方也给我们带来同样的快乐，这样我们才会享受到真正快乐的生活

助人，随时随地都可以

你不一定非要成为南丁格尔或社会改革家才去帮助这个世界，你完全可以从明天早晨遇到的第一个人开始。

——摘自卡耐基《人性的优点·忘我助人，带去欢乐》

热心助人是我们民族的传统美德，可是在现代日常生活中，能坚持保有这种美德的人似乎越来越少。大多数人都选择了“各人自扫门前雪，不管他人瓦上霜”的做法，每日里都只为了利益而奔波忙碌。

如今的传媒资讯那么发达，对无私奉献、好人好事的赞颂和宣传也不遗余力，可为什么身体力行的人反不如过去多呢？原因可能有很多，其中有一点却不容忽视，那就是人们对热心助人的误解。看多了社会上所传颂的好人好事，有的人就产生了错误的想法，以为只有像比尔·盖茨那样大把捐钱才算是做善事，以为只有像雷锋和南丁格尔那样把所有时间都奉献出来才算是无私助人，因此对那些就发生在身边的、举手之劳的善行，他们反而视而不见了。

事实上，行善不是慈善家的专利，也从不要求人们必须拥有多大的本事才可以有资格去从事。帮助别人的要求其实很简单——力所能及地帮助，随时随地都可以。

刘焕荣童年时期遭遇了一场意外大火，不仅使她失去了美丽的容颜，还给她留下了终身的残疾。但她每天晚上，坐在电脑前，用她伤残的手夹着笔艰难地敲打着键盘，在QQ里和网友谈人生、谈理想，无怨无悔地帮助一个个在网络世界里迷失了方向的年轻朋友，帮助他们走出了困惑，重燃起生活的希望。

江苏连云港市一名高三的学生，由于学习成绩不好，经常遭到家长的责骂。刘焕荣在聊天中给予他许多关心和爱护，使他越来越信任、依赖她。在一次聊天中，刘焕荣向这个孩子讲述了自己的真实故事，孩子深受感动，当即向她保证不再沉湎于游戏。在刘焕荣耐心地劝说和鼓励下，这名学生成绩渐渐地好了起来。刘焕荣说："'救救孩子'的呼唤，让我真切地感受到肩上沉甸甸的责任，我将尽最大的努力帮助那些沉迷于网络而不能自拔的孩子。"因此，刘焕荣也被人们称为"网络妈妈"。

刘焕荣救助的孩子——南昌市初二学生小强说："'网络妈妈'就像我的亲人一样！"小强由于沉迷于网络游戏而被学校开除，父母都对他失去了信心，但是刘焕荣并没有放弃。在刘焕荣的鼓励和支持下，小强决心重返学校上课，但遭到了学校的拒绝。得知此事之后的刘焕荣顾不得自己腿疾未愈，亲自赶到南昌帮助小强重返校园。刘焕荣曾说："网络使我变得充实而美丽。尽力去帮助那些需要帮助的人，让我体会到内心异常的快乐。"

2003年以来，刘焕荣在"网络妈妈"论坛发帖1400余篇，发电子邮件100多封，写书信152封，成功地帮助了340余位青少年戒除了网瘾。从这之后，越来越多的人加入到"网络妈妈"志愿者行列。

刘焕荣说："社会给予我一份爱，我就把它作为扬起生命风帆的动力，把它化为一份力量，回报社会。"

身患残疾的刘焕荣也能尽己之力帮助几百位青少年戒除网瘾，我们作为健康人，又何必非得等到成为雷锋或南丁格尔那样的人，才觉得自己有能力帮助别人呢？

热心帮助别人也不仅是大人的专利，作为学生，我们同样有能力去帮助别人。比如说，我们身边的人大多数是同学，我们接触的事情大都是学习方面的，那么我们就可以在学习上为同学尽量提供帮助。这同样是值得赞许的好人好事。

依依是个聪明伶俐的女孩，物理题做得特别好。班上有很多女孩喜欢找她问问题。只要一下课，会有很多女孩拿着作业本来找依依。

"依依，你看，刚才老师讲到这一步，我不明白。"

“依依，这样的题型我们以前根本就没有做过啊，你会吗？”

“依依，你能不能一步一步地讲给我听。上课老师讲的，我一句没听明白。”

这几天依依真是够辛苦的，只要到了课间，就会看到她被一群同学围着。说真的，这个依依还真是挺招人疼的，她给同学认真讲题的那种精神让很多同学都非常感动，对于有的实在是太笨的小女生，依依还会特意帮她画一张示意图，然后一步一步地给她讲，讲到一步，就问：“这一步你明白了吗？”那个同学表示明白了，她才开始讲下一步。

最近快考试了，依依忙了起来，都下课放学了还有同学缠着她讲题，依依也只好舍己为人了。那天依依从学校走出来，已经是傍晚8时。

“依依，你为了给同学讲题目，浪费了自己多少时间。你还有时间复习吗？”有同学很关心地问她。

“嘿嘿，没事。”依依憨憨地一笑，告诉那位同学说，“你不知道，其实给人讲题，最受帮助的是自己。”

“为什么？”那位同学感到很疑惑。

“你想啊，如果你只是在自己做题，你就只想把题目解出来就好，而我在讲题，就要考虑如何让别人明白，所以对题目的理解就更深了一层。你能体会到吗？”

依依说得很有道理，因为最后考试成绩发布，她的分数依然遥遥领先。

就像依依所说的那样，给别人讲题最受帮助的是自己；我们随时随地给别人提供帮助，其实获益最多的也是我们自己，因为帮助别人会带来快乐，快乐的我们才能体会生活的幸福。别再犹豫也别再等待了，让我们做个随时随地都可以帮助别人、拥有快乐的人吧。

无私的巨大优势

这个世界到处是只顾自己、你争我抢的人。所以，那些不自私、愿意为他人服务的少数人就拥有了巨大的优势。几乎没人能和他们竞争。

——摘自卡耐基《人性的弱点·能做到这一点的人拥有整个世界。做不到的人孤独一生》

古罗马哲学家卢克莱修说：自私是人类的一种本性，高尚者和卑劣者的区别在于，前者能够克制这种本性而代之以无私的给予，而后者却任其肆意横行。俗话说“江山易改，本性难移”，要成功克制本性本就不是一件容易的事情，更别说无私就意味着把好处让给别人，所以无私的人总是少数，因而也更令人敬佩。

可是怎么样才能知道一个人是否无私呢？平静的生活没有波澜，自私的卑劣就不会显现，无私的高尚也没办法看出来。这时，我们只要投入一颗叫作“利益”的小石子，就能打破平静，看到无私与自私的高低差距。

在经过一轮复一轮的重重筛选后，应聘某家公司的来自不同地方的5个应聘者终于从数百名竞争对手中，像大浪淘沙一般脱颖而出，成为进入最后一轮面试的佼佼者。

这5个应聘者，可以说都是各条道路上的“英雄好汉”，彼此各有所长，势均力敌，谁都可以胜任所要应聘的职务。换句话说，就是谁都有可能被聘用，同时谁都有可能被淘汰。正是因为这样，才使得最后一轮的角逐更加具有悬念，更加显得激烈和残酷。

作为5个应聘者之一的高天虽然身居高手当中，但心里相对还是比较踏实的。因为凭他在初试、复试、又复试、再复试中体现出的过关斩将、所向披靡的势头，他想成功获胜是绝对没有问题的了。于是，胜利的自信和成功的愉悦提前写在了他的脸上。

按照公司的规定，应聘者要在那天早上9点钟准时到达面试现场。面对如此重要的机遇，5个应聘者都不约而同提前半个多小时就赶到了。

距面试开始时间还早，为了打破沉寂的气氛，精明的应聘者还是勉强地聚在一块儿闲聊了起来。面对眼前这些随时会威胁自己命运的对手，在交谈中彼此都显得比较矜持和保守，甚至夹着丝丝的冷漠和虚伪……

忽然，一个青年男子急急忙忙地赶来了。他的到来成了转移这5个应聘者毫无内容的话题的借口，他们纳闷着，惊奇地看着他，因为在前几轮面试中都不曾见过他。

他似乎感到有些尴尬，然后就主动迎上前开口自我介绍说，他也是前来参加面试的，由于太粗心，忘记带钢笔了，问他们几个是否带，想借来填写一份表格。

5个人面面相觑。想，本来竞争就够激烈的了，半路还要杀出一个“程咬金”，岂不是会使竞争更加激烈么？要是咱们不借笔给他，那不就减少了一个竞争对手，从而加大了成功的可能？他们几个有心灵感应似地你看着我我看着你，终于没有人出声，尽管他们身上都带着钢笔。

稍后，青年男子看到高天的口袋里夹了一支钢笔，眼前立刻掠过一丝惊喜：“先生，可以借给我用用吗？”高天立刻手足无措，慌里慌张地说：“哦……我的笔……坏了呢！”

这时，5人当中有一个沉默寡言的“眼镜”走了过来，递过一支钢笔给他，并礼貌地说：“对不起，刚才我的笔没墨水了，我掺了点自来水，还勉强可以写，不过字迹可能会淡一些。”

他接过笔，十分感激地握着“眼镜”的手，弄得“眼镜”莫名其妙。高天和另外三个人则轮番用白眼瞟了瞟“眼镜”，不同的眼神传递着相同的意思——埋怨、责怪。因为他又帮忙增加了竞争对手。奇怪的是，那个后来者在纸上写了些什么就转身出去了。

一转眼，规定的面试时间已经过去20分钟了，面试室却仍旧丝毫不见动静。5个人终于有些按捺不住了，就去找有关负责人询问情况。谁料里面走出来的却是那个青年男子的面孔："结果已经见分晓，这位先生被聘用了。"他搭着"眼镜"的肩膀微笑着向其他4个人做了一个鬼脸。

接着，他又不无遗憾地补上几句："本来，你们能过五关斩六将来到这儿，已经是很难能可贵的了。作为一家追求上进的公司，我们不愿意失去任何一个人才。但是很遗憾，是你们自己不给自己机会啊！"

其他4人这才如梦初醒，可是已经太迟了。自私的他们只因为这么一点小事，丢掉了已经到嘴的肥肉；"眼镜"却得益于他的无私，成了这次应聘中唯一的幸运儿。这次面试必将成为他们人生重要的一课，影响着今后的生活。

本以为稳操胜券的高天最终被淘汰了。因为他太过自私，只盯着自己的好处不放，容不得他人。对于个人来说，身边每多一个竞争者，自己成功的可能的确是减少了一分；但是对集体来说，只有顾全大局，懂得团结互助，才能取得进步。而当集体取得进步时，集体中的每个成员其实也是在进步的。

人类的社会性决定了我们必须生活在集体中，无论是在家里、学校里，还是在社会上，我们都不可能脱离集体而存在。如果我们能多些培养无私的品德，而收敛自私的心性，那么我们就能为集体提供更大的推动力，那么在与一般人的比较中，我们就会获得更多的支持，拥有更大的胜出优势。

为他人着想，为自己带来快乐

多为别人着想不仅能使自己免于烦恼，同时也可以结交更多的朋友，获得更多的欢乐。

——摘自卡耐基《人性的优点·忘我助人，带去欢乐》

在交通十分发达的今天，公交车和地铁是大多数市民首选的交通工具。由于乘客多座位少，公交车和地铁的车厢里都设置了扶杆，供那些站立的乘客抓扶，以保证乘车安全。可是，每一次踏入车厢，我们都能看到有那么一些人，他们或背倚着扶杆，或整个人把扶杆抱着，让其他站立的乘客想要找个抓扶的地方却无处下手，当车辆拐弯或颠簸的时候，车厢内就不禁响起一片惊呼声，险象环生。

在公交车上怎么抓握扶杆，这是一件非常微小的事情，却也会影响到整个车厢的人。从更大范围来看，其实无论在哪个活动场所，牵涉的人都不可能只是一个独立的“我”，无论任何时候，“我”都是和大家相连的。

因此，在我们做任何一件事情的时候，都不能只单独想到“我”，还应该想到那些会被影响到的人。

现代社会提倡和谐，但我们知道，人与人相处，摩擦磕碰是难免的，所以要维持人与人之间的和谐，就应该多为别人考虑。当我们每个人都为别人着想的时候，许多纷争自然而然地就能够避免，也就等于我们把麻烦隔绝在自身以外了。

小张外地的表哥第一次过来，小张开车去车站接他。一路上，小张热情地想和表哥攀谈，可表哥却表现得很冷淡，偶尔哼哈地应两句，从不主动说话。

小张感到几分没趣，也不说话了。

进了闹市区，街上的行人和车辆多了起来。小张不断地按着喇叭在车水马龙中穿梭着，表哥时不时就瞅小张一眼，但没说什么，小张也没有在意。

这时，前方一个妇女正领着一个小姑娘准备过马路。小张瞅个空子，猛踩油门，一打方向盘，从她们面前冲了过去，心里得意地喊着“胜利”。

表哥碰了小张一下，说：“应该让人家先过，一个女人领个孩子，道儿这么窄，万一刮着……”

他瞅了一眼窗外，没往下说。小张的脸不禁有些发热，心里也有些不是滋味了。

一会儿，他又转过脸，对小张说：“后面有个鸣笛的‘120’，咱们靠边，让它先走。”

原来表哥早就注意到后面这辆“120”了，他没有说话，向右一打方向盘。救护车从他们后面赶了过去，透过它的后车门，他隐约看到一个医护人员和一个晃动的吊瓶，心里生起些惭愧。

表哥前后看了看说：“找个地方，靠边停一下，咱俩聊聊天儿。”

小张把车滑到前方小广场的停车处。

表哥摇下车窗，问小张：“开车几年了？”

“不长，两年。”

“车开得可以。城小路窄，倒是很有特色，只是这交通多有不便。”

“可不是，经常发生交通事故，地方小，没有办法啊。”

“也许吧，不过，路窄人心宽，这是老司机们常说的一句话。”

“路窄人心宽？”

“对啊，急促地按喇叭，飞快地超车，有时并不是为了赶时间，也许是为了图个潇洒。若是彼此都宽容些，慢慢开，不仅给大家带来方便，也安全，更可以欣赏沿途风景啊。心宽，是一种境界，是一种文明和礼节。你看，这座城市这么美丽，如果多了噪音、谩骂、交通事故……岂不都是污点？”

表哥掏出他的驾驶证对小张说：“我来开一段。”

小张笑笑，坐到副驾驶位上，看着表哥全神贯注的样子，感到车异常平稳。小张想和他说话，他严肃地看着前方，轻声说："下车再说。"此时小张才明白刚刚表哥让他停下车来聊天的用意，也理解了他一路的冷淡。

小城市路窄，车辆之间，车辆与行人之间，如果都能主动为别人着想一下，互相宽容礼让，那么小路也是平安大道。在一条平安的道路上来往穿梭，我们才不必时刻为自己的安全而提心吊胆，心情才能放松自在。

多为别人着想，多为他人做点事，我们还会感受到充满这个世界的爱和温暖，内心会为此感到快乐和安宁。

以前，有一个叫杨思的女中学生。她有漂亮的外貌、优秀的学习成绩和富裕的家庭，但是她经常感到不快乐，这种不快乐不是单纯的青春期常有的莫名惆怅，而是一种空虚。她总是感到生活中缺少了一种东西，就是这种缺失让她感到生活就像白开水一样平淡无奇，没有真正的快乐。

有的时候，她会看到一些快乐的陌生人，每逢这时她就会很羡慕他们。这一天，放学回家的时候，她不自觉地放慢脚步，因为她想趁这个机会观察一下别人的快乐，她想知道怎样才能得到快乐。

一路上，她看到了很多开怀大笑或者表情惬意的人，但她还是不明白他们快乐的原因。正在这时，天下起雨来，她收起思绪打开了伞匆匆往家里走。

走着走着，忽然看见远处出现一个瘦小的身影，是个小学生，这个学生忘带伞了，他一手抱住书包，一手遮着头急急忙忙地跑着。杨思停下脚步，想：我可不能不帮他啊，万一淋了雨得了感冒，多难受。但是回家晚了妈妈会责备我的，怎么办呢？杨思犹豫不决，她望了望那个小孩，狠狠心决定先送孩子回家。

杨思连忙叫小学生到伞下避雨，并问清他的住处，两人就迈开步子向目的地走去。一路上，杨思还故意把伞往孩子那边移，孩子没被雨淋着，她自己的半边身子倒被淋湿了。

她把孩子安全送回家之后，孩子的父母连声道谢，那个孩子也回报了甜甜的微笑，杨思一下子感觉心里甜滋滋的，有说不出的高兴。就在这一瞬间，她找到了快乐，原来，快乐的味道如此美妙！

从此以后，她一直用对待淋雨的小孩子的心态来对待周围所有的人，她也因此而找到了越来越多的快乐。虽然，恼人的功课和考试并没有少一点，但是她觉得自己比以前快乐了，这种内心的充实是以前从来没有体验过的。

如果一个人在生活中总是只想到自己，那么他就好像活在只有自己一个人的天地间，得到的会是巨大的孤独和空虚。多为别人着想，把他人接纳进我们的世界里，人间的温情和欢笑才会充满我们的心间。

有人说，在为别人行善时，就是在为自己储蓄幸福。北宋哲学家程颐则说，遇到事情肯替别人着想，这是第一等的学问。如此看来，如果我们能做好人生这第一等学问，那么我们的幸福肯定会储得满满的。

用微笑去交换微笑

如果你希望别人见到你表现出很高兴、欢愉的神情，那么你自己先要这样去面对别人。

——摘自卡耐基《人性的弱点·给人留下良好的第一印象的简单方法》

微笑是世界上最富有吸引力的面部表情。不管人们来自哪个民族和哪个地域，拥有怎样的肤色和使用何种语言，微笑都能够吸引他们的靠近，由此开启一扇沟通的大门。微笑拥有这么巨大的魔力，是因为它的深厚含义。微笑虽然无声，却传达了“我喜欢你”“我表示欣赏、赞同”“你很受欢迎”等丰富的意思。微笑表示的对他人的尊重和友好，像阳光一样融化了名叫“陌生”的冰块；微笑表示的对他人的赞许、理解和谅解，架起了两颗心相遇的桥梁。

微笑是世界上最美的语言，微笑是人际沟通的通行证，所以我们都会喜欢看到别人的笑脸相迎。可是，有谁会对着一张没有笑意的脸也能真诚微笑呢？我们很难做到，相信别人也不一定有这个本事。如果是这样的话，微笑又怎么能在我们和别人互动的时候出现呢？总需要一个人先微笑，才能把每个人脸上的微笑都“诱惑”出来。如果情况确实是这样，那么，我们何不就去做那个最先微笑的人呢？

楚楚和妈妈谈话，脑瓜里突然冒出来一个问题：“我们上美术课，老师说蒙娜丽莎的微笑流传了几百年，征服了很多人，她的微笑很美。老师还说，我们也应该经常微笑，微笑是世界上最美的语言，真的是这样吗？”

妈妈看着楚楚，笑笑说：“的确如此，你想想，你是喜欢一个整天微笑的伙伴呢，还是喜欢一个整天愁眉不展、从来都不笑的伙伴呢？”

“当然是整天微笑的伙伴了。”楚楚不假思索地回答。

“对啊。”妈妈接着楚楚的思路说，“别人和你一样，也会这么想。只有经常微笑的人才会吸引更多的人喜欢他。”接下来，妈妈给楚楚讲了一个故事。

从前有一个小女孩，天生容貌丑陋，她有着严重的自卑心理，别人很少能够从她脸上见到笑容，她也没有什么朋友。幸福女神决定帮助这个小女孩，使她不再孤独。

于是幸福女神带她去参观两座玫瑰园。当她们走进第一座玫瑰园时，里面阳光明媚，鸟语花香，随处可以听到爽朗的笑声。在里面遇到的每一个人，都会热情地跟她们招呼，并且送给她们一个真诚的微笑。之后，幸福女神就问小女孩道：“你喜欢这里吗？”

小女孩点了点头说：“喜欢。这里的人非常热情亲切。”

随后，幸福女神又带小女孩走进第二座玫瑰园。那里面死气沉沉的，天空阴郁，地上长满了杂草，玫瑰花也开得无精打采，她们见到的每一个人，都面带忧郁，没有一个人主动跟她们打招呼。

从第二座玫瑰园里出来之后，幸福女神又问小女孩：“现在你把这两座玫瑰园比较一下，你愿意生活在哪一座玫瑰园里呢？”

小女孩毫不犹豫地回答道：“当然是在第一座玫瑰园里了，因为他们每个人的脸上都有着灿烂的笑容。”幸福女神抚摸着小女孩的头说：“是啊，当你笑的时候，也就拥有了一座健康的玫瑰园。同时，你也就把自己的幸福分享给了身边每一个人，他们也会被你引入第一座玫瑰园。”

小女孩恍然大悟。她开始经常微笑地面对他人和生活。从此，她变成了一个人见人爱的小女孩。

听了妈妈讲的故事，楚楚决定要练习微笑，一会儿抿着嘴，嘴角上扬，稍有笑意，一会儿露出几颗牙齿，眼睛眯成月牙状。

妈妈看到楚楚的各种鬼脸造型，忍俊不禁。

“其实楚楚，你根本没有必要刻意练习微笑的表情，只有发自内心的微笑才能准确无误地表达你的友好，缩短你和朋友的距离，使你更具有无人可敌的魔力。微笑是一种智慧的体现，善于恰如其分地展现自己微笑的人，绝对是一个聪慧而有修养的人。”

有一句非常通俗的话，叫“种瓜得瓜，种豆得豆”。我们想要收获微笑，当然也需要先“种下”微笑。像故事中的小女孩那样，主动微笑，我们才能在别人脸上看到开出的微笑的“花朵”，最终收获友谊的“果实”。

当然，就像楚楚妈妈所说的，真正的微笑应该是发自内心的。我们不会想要别人对着自己展示一脸虚假的笑容，所以我们也不要对着别人“皮笑肉不笑”。像许多服务行业的工作人员，他们都无一例外地对顾客微笑，可是我们通常可以很敏感地分辨出谁的微笑真诚，谁的微笑虚假。面对真诚的微笑，我们也会不由自主地微笑回答，可是面对虚假的微笑，我们就会觉得疲惫得笑不出来。

真诚的微笑是最美的表情，能给人以温暖，令人愉悦和舒畅。我们想让自己沐浴在愉悦的氛围中，就要学会主动微笑。

友善最能打动人

太阳比风能更快地让你脱去外衣；慈爱、友善的言词和赞美，能使人改变了他原有的心意，比世界上所有的威吓和咆哮更容易接受。

——摘自卡耐基《人性的弱点·一滴蜂蜜》

林肯曾经说过："一滴蜂蜜，比一加仑胆汁，可以捉到更多的苍蝇。"对这句话的最佳注解，应该就是下面这个有关太阳和风的寓言。

太阳和风争论谁的力量大!

风说："我马上证明给你看。看到那穿着大衣的老人了吗？我打赌我可以比你更快地把他那件大衣脱下。"

于是，太阳躲进云里去，那风就吹刮起来，几乎成了一股飓风。可是那风吹得越大，老人把大衣朝身上裹得越紧。

最后，风安静下来，表示放弃。

接着，太阳从云后面出来，对着老人和善地微笑着。没有多久，老人抹了把额头上的汗，把他的大衣脱了下来。

太阳对风说："温柔、友善的力量，永远比愤怒和暴力更强有力。"

这个小小的寓言告诉我们，一分的友爱胜过十分的威吓和暴力，更能让人改变心意。因为人心大多都是善良的，善良的心灵不会在暴力面前屈服，却会接受友爱的感召，愿意在它面前变得温柔，变得听从和顺服。

友爱的力量比威吓更强大，可是日常生活中的我们却经常忘记这一点。

不是吗？回想我们曾经有过的被人欺负的经历，或者是看到别人被欺负的情景，那时我们是怎么反应的？如果有足够的力量，我们是不是想要以牙还牙地还击？如果力量不足，我们是不是至少也要对欺负的人痛骂一通，好让他们知道我们并不是那么好欺负的？可是现在我们却明白了，不管是为了使自己免遭他人欺负，还是为了阻止他人欺负别人，用强硬的方法都是很难奏效的。唯有用友善的、温柔的处理方式，我们才会有最大的把握去改变一个人的心意。

有一个中国女孩，来到法国一所学校读书。刚入学的时候，就有好心的同学叮嘱她，最好离高年级那个叫杜比的男孩远点，因为他是个智障，不仅喜欢搞恶作剧，还经常无缘无故动手打人。

这天，中国女孩正和一群同学在花坛边嬉戏，忽然，一个人影朝他们扑来，天啊，是杜比！

那些同学转眼都跑掉了，身单力薄的她却被杜比捉住，杜比使劲掐住她的脖子，把她推到花坛边上，并大声叫喊着什么。

此时，跑开的同学都停住脚步，远远地朝这边看过来，却没人敢靠近半步。

望着杜比眼里射出的令人恐惧的怒火，这个中国女孩也特别害怕，可她心里十分清楚，此时此刻只能自己拯救自己。她对杜比说了一句什么，杜比似乎听不懂，依然用恶狠狠的眼神瞪着她。

那些同学有的吓得闭上了眼睛；有的屏住呼吸，紧张地观望着这边的动静；也有机灵地跑去找学校的警卫……而这个中国女孩，不再手足无措，她用平和的眼神迎向杜比的眼睛，重复了一遍刚才说的话。

杜比稍微愣了一下，眼中流露出些许困惑，手却不再那么用力了。

中国女孩又用平静的语气重复了一遍那句话，脸上甚至绽开微微的笑容。

这次，智障少年终于听懂了，他的眼中不再蓄满怒火和困惑，而是露出了惊喜和感激。他慢慢松开手，轻轻地拍了拍中国女孩的肩膀，在她的耳边用法语嘟囔了一句什么，然后迈步走开了。

围观的同学都松了一口气，大家纷纷跑过来，好奇地追问中国女孩：刚才你对那个“呆霸王”说了什么，竟然轻而易举地让他放过了你？

中国女孩的脸上依然带着微笑，平静地说：“我只是对他重复了三遍——我们是朋友！”

这是一个真实的故事。故事里的中国女孩名叫周美兮，来法国不到半年。而杜比最后对她说的那句话竟然是："谢谢！"

有人说："爱是滴滴甘露，即使枯萎了的心灵也能苏醒；爱是融融春风，即使冰冻了的感情也能消融。"

爱，能给予生命创造奇迹的力量；爱，拥有扭转乾坤、化腐朽为神奇的力量。周美兮的故事便是最好的例证：一个友善的微笑，一句温暖的话语，就能让智障的人心动，并充满感激。

所以，在日常与人交往的时候，我们应该多发挥友爱的神奇力量，用爱去结交他人，而不是以"武"服人。